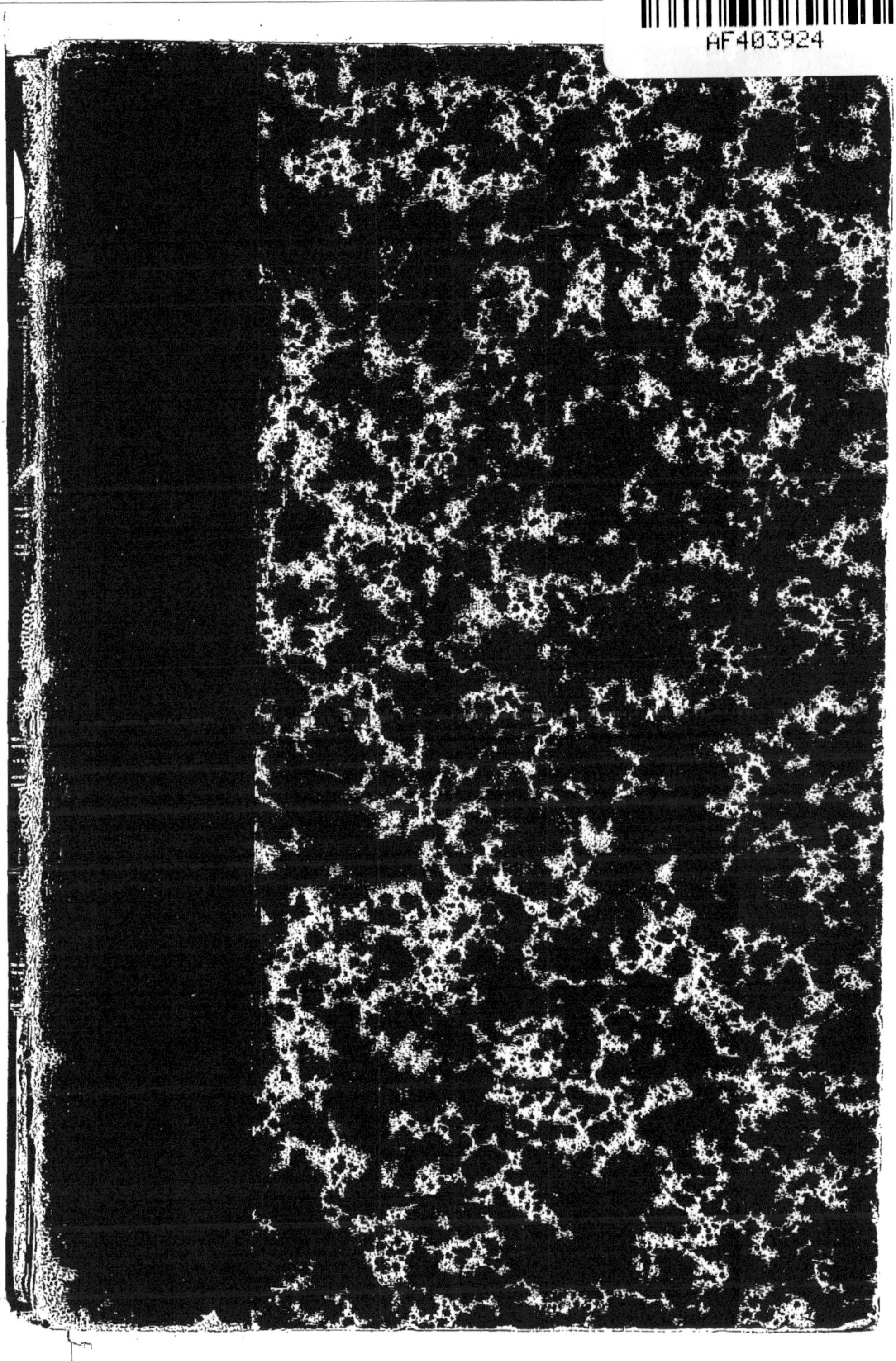

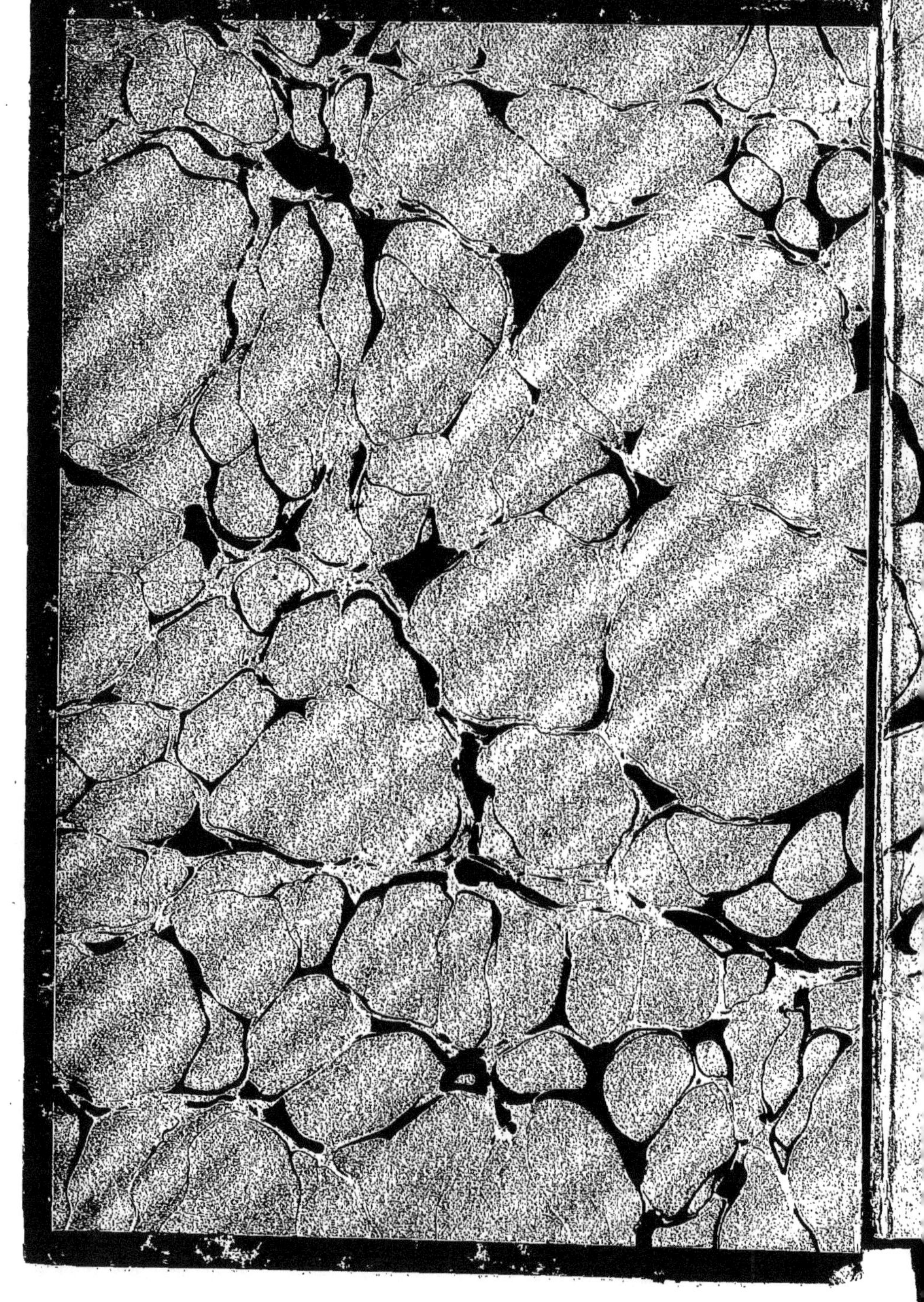

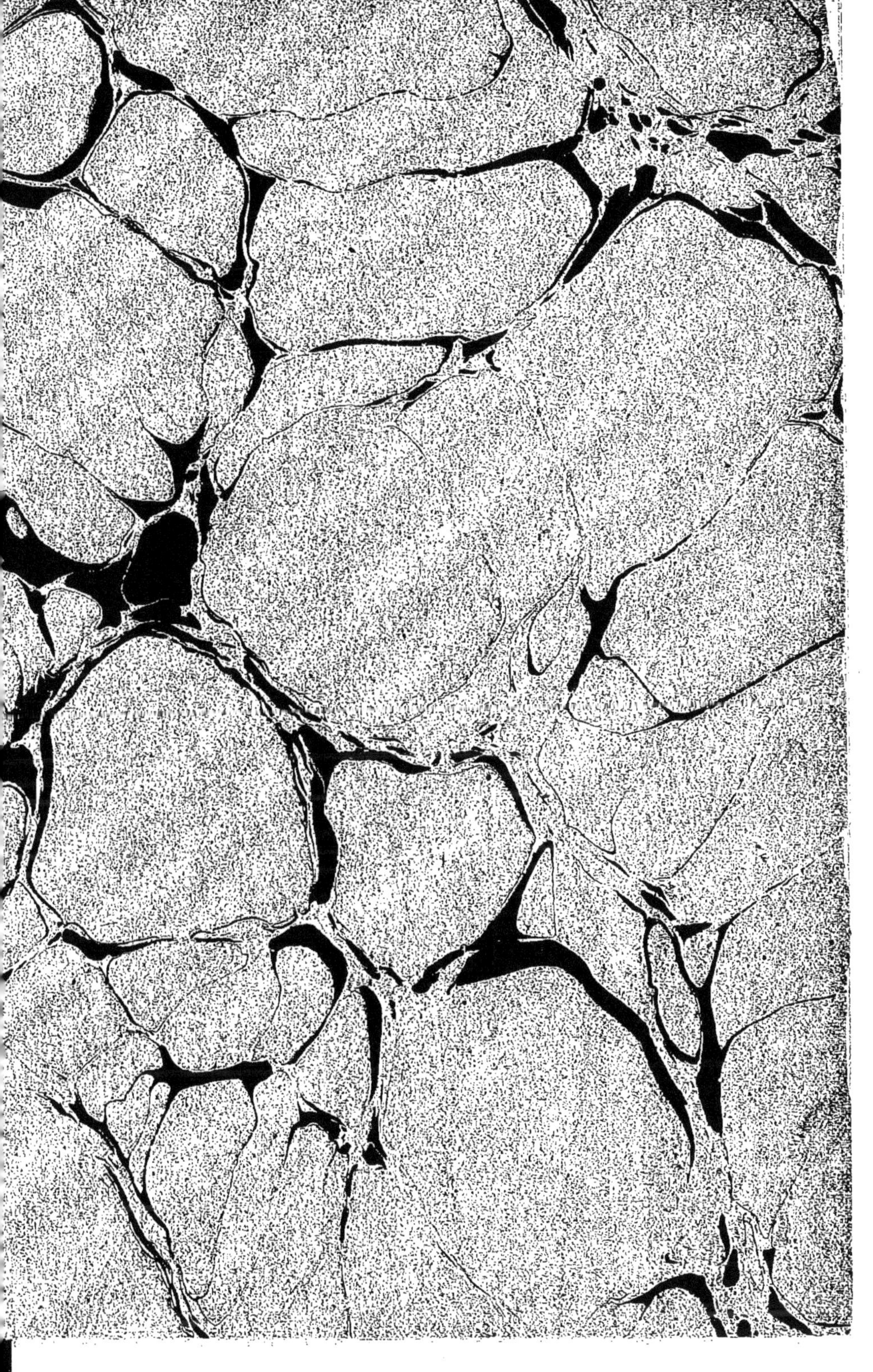

PARIS
LIBRAIRIES-IMPRIMERIES RÉUNIES
7, rue Saint-Benoît
MAY ET MOTTEROZ, Directeurs

JEUX DE BALLE

ET

DE BALLON

JEUX DE BALLE

ET

DE BALLON

Football • Paume • Lawn-tennis

PAR

UN JUGE DU CAMP

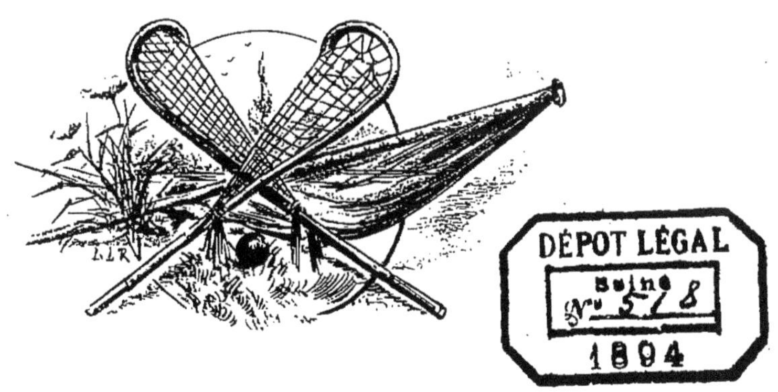

PARIS

LIBRAIRIES-IMPRIMERIES RÉUNIES

7, rue Saint-Benoît

MAY ET MOTTEROZ, Directeurs

1894

Au Bois de Boulogne. — Piste de la Ligue nationale de l'Éducation physique.

AVANT-PROPOS

*Les jeux de balle et de ballon formaient che{ les Grecs
et après eux che{ les Romains une partie de la Gymnastique désignée proprement sous le nom de* Sphéristique.

*On trouve dans les auteurs latins la trace de quatre
sortes de sphéristiques :* le ballon *ou* follis; *la balle,
appelée* trigonalis; *la balle villageoise,* pila paganica,
*et l'harpastum. Le médecin Cælius Aurelianus les désigne
par l'expression générale de* sphæra Italica *(paume
italienne), et le poète Martial les a toutes comprises dans
ce couplet :*

Non pila, non follis, non te paganica thermis
Præparat, aut nudi stipitis ictus habes,
Vara nec injecto ceromate brachia tendis;
Non harpasta vagus pulverulenta rapis.

*Le ballon était de deux espèces, la grande et la petite.
On poussait les gros ballons avec le bras, armé d'un*

1

brassard rigide. Le petit ballon, qui était le plus en usage, se poussait avec le poing, d'où son nom de follis pugillaris ou pugillarius. *Suétone dit qu'Auguste faisait de ce jeu son passe-temps favori.*

La paume, ou trigonalis, *se jouait avec une petite balle, appelée* trigon, *non point à cause de sa forme, qui était sphérique, mais parce que les joueurs étaient habituellement au nombre de trois, disposés en triangle. Ils se renvoyaient la balle, tantôt d'une main, tantôt de l'autre, et celui qui la laissait tomber perdait un point.*

La paume de village, pila paganica, *n'était nullement abandonnée aux paysans : on la pratiquait dans tous les gymnases et les thermes, avec des balles très dures, faites de plume bien foulée et beaucoup plus grosses que les balles trigones ou même que les ballons grecs et romains. La dureté de ces balles, jointe à leur volume, en rendait le jeu particulièrement difficile et dangereux.*

Enfin l'harpastum des Romains (imité de l'harpaston des Grecs) était une petite balle lourde qui servait à un véritable jeu de paume, établi sur une arène sablée.

Tous ces jeux étaient d'un usage courant chez les Romains de l'ère impériale. Il faut y ajouter le jeu de la balle de verre, pratiqué surtout dans les thermes et qui avait le don d'exciter chez les spectateurs un enthousiasme extraordinaire pour ceux qui excellaient à ce sport.

La simple énumération de ces variétés de sphéristiques, dont la trace se retrouve à tout instant dans les auteurs latins et même dans les inscriptions parvenues jusqu'à nous, suffit à démontrer que les modernes n'ont rien inventé à cet égard et perpétuent sous nos yeux une tradition purement grecque dans ses origines.

Football. — Mêlée.

JEUX DE BALLE ET DE BALLON

LE BALLON AU PIED OU FOOTBALL

Les jeux de ballon sont au nombre des plus anciens exercices de plein air que pratique l'humanité. Il n'en est pas de plus amusants, de plus animés, de plus propres à développer l'agilité, la force musculaire, le souffle, la vitesse, l'esprit d'à-propos. Mais précisément parce que ces jeux sont très anciens et ont été cultivés dans tous les temps, leur histoire est assez obscure.

Chez les Grecs et les Romains, elle se rattache à celle de la *sphéristique*, qui comprenait tous les jeux de balle et de ballon. Autant qu'on peut le savoir, on distinguait alors deux sortes principales de ballons : l'*harpastum*, petite et dure pelote de cuir remplie de sable, et le *follis*, ballon léger, formé d'une vessie de bœuf avec ou sans gaine de peau. Le *follis*, a dit Martial dans une de ses épigrammes, est bon pour les enfants et les vieillards :

Folle decet pueros ludere, folle senes.

Peut-être les soldats de César importèrent-ils ce jeu en Grande-Bretagne, où il est devenu le *football* ou ballon au pied, ballon au camp, *barette*, pour lui donner son nom français. Peut-être aussi n'a-t-il franchi le Pas de Calais que beaucoup plus tard et le jeu anglais a-t-il pris son origine de la *choule* picarde; on la joue encore à certains jours dans quelques cantons de la Somme et de l'Aisne, et il suffit d'y avoir vu pratiquer ce sport brutal, où le projectile est une énorme et dure pelote de cuir remplie de son, pour s'expliquer les accidents et les colères qu'il causait jadis dans les rues de Londres. Moralistes, prédicateurs, règlements de police et ordonnances royales se sont accordés pendant plusieurs siècles à le condamner.

Par un édit de 1314, Édouard II avait formellement interdit, sous peine d'emprisonnement pour les délinquants, et comme une cause intolérable de désordre, ce qu'il appelait dans le français d'alors, langue officielle de la cour, ces *raigeries de grosses pelotes*. L'interdiction fut renouvelée en 1349 par Édouard III et en 1401 par Henri IV. De leur côté, les rois d'Écosse n'épargnaient rien pour déraciner la passion du football au cœur de leur peuple. Mais ce fut toujours en vain. Les Stuarts, pas plus que les Tudors et les Lancastres, ne parvinrent à se faire écouter.

Apparemment, ce jeu rude et grossier, où la bête anglo-saxonne se ruait dans toute la violence de ses esprits animaux, lançant à grands coups de pied la

vessie de bœuf engainée de cuir bouilli, bousculant
tout pour l'atteindre, jouant des coudes et des poings,
poussant, colletant et assommant ses rivaux, se gri-
sant de l'ivresse de la lutte et des horions reçus — ce
jeu répondait trop bien aux instincts généraux de la
race pour être aisément abandonné.

Toujours est-il que les édits restaient impuissants,
et que, dans les villages anglais comme dans les fau-
bourgs des villes, en dépit de la prison et même de la
hart, le football gardait son prestige.

Pour interrompre la tradition et faire oublier un jeu
si populaire, il ne fallut rien de moins que la révolution puritaine. Mais alors, et pour longtemps, le football disparut sous la malédiction des ascètes et des
prêcheurs en plein vent qui stigmatisaient les jeux
comme frivolités damnables.

Quelques écoles en gardèrent probablement le sou-
venir, car vers la fin du dix-septième siècle on en retrouve la trace. Un des premiers voyageurs français
qui ait écrit sur l'Angleterre, Misson, dit, en 1698,
dans ses *Mémoires et observations :* « En hiver, le football est un exercice utile et charmant; c'est un ballon
de cuir gros comme la tête et rempli de vent; cela se
ballotte avec le pied dans les rues par celui qui le peut
attraper : il n'y a point d'autre science. »

Néanmoins, de l'excommunication puritaine et des
anathèmes antérieurs il restait sur le football une note
d'infamie. Les maîtres de la jeunesse s'accordaient,
non sans motif, à le considérer comme un sport de
mauvais ton, mieux fait pour des rustres ou des cro-
cheteurs que pour des fils de famille.

Vers 1823, quand on apprit que ce jeu de vilains venait d'être ressuscité à l'école de Rugby, et que non

seulement on le permettait, mais on le recommandait aux élèves, un frisson de colère et d'indignation passa sur le Royaume-Uni. Les gazettes s'emparèrent de la question ; la chaire dominicale, aussi friande d'actualité que la presse périodique, saisit la balle au bond et renouvela les homélies puritaines. Mais rien ne put prévaloir contre la mode qui s'était emparée d'un exercice aussi attachant. En dix ou quinze ans, le ballon au pied s'était définitivement implanté dans les mœurs de la jeunesse anglaise et avait conquis le rang de sport national. Il faut dire que des congrès de spécialistes avaient examiné par le menu les règles du jeu, en avaient formulé le code (toujours perfectible) et étaient arrivés à en adoucir dans une large mesure les antiques brutalités.

Aujourd'hui, en Angleterre, on joue le ballon au pied de deux manières : à la mode de Rugby et à la mode de Londres ou, si l'on veut, de l'*Association générale pour la réforme du football*. C'est la mode de Rugby qui est la vraie, la pure, la traditionnelle. Elle se différencie de l'autre en ce qu'elle autorise l'usage des mains et des pieds pour saisir ou lancer le ballon, tandis que le code de l'Association admet uniquement l'emploi des membres inférieurs.

On reviendra à loisir sur les deux règles. Contentons-nous présentement de décrire le jeu à grands traits. Et d'abord un mot du matériel, qui est des plus simples :

1° Un ballon de 8 à 10 pouces de diamètre, ovoïde à Rugby, parfaitement globulaire ailleurs, formé d'une vessie de caoutchouc dans une forte gaine de cuir de veau ; ce ballon peut coûter une vingtaine de francs et dure quatre ou cinq ans, si l'on a soin de le graisser et de le tenir au sec ;

2° Quelques pieux, perches et guidons pour marquer les limites et les buts.

Le terrain est une esplanade quelconque, gazonnée ou non. On y dessine avec des lignes de pieux et de guidons un parallélogramme de 100 à 200 yards[1] de long sur 50 à 100 yards de large ; puis on marque par une paire de poteaux plantés à 8 yards de distance l'un de l'autre, au milieu de chacun des deux petits côtés du rectangle, ce qu'on appelle les *goals* ou buts. A Rugby, les deux poteaux

Football. — Matériel. Costume.

sont surmontés d'une barre transversale, par-dessus laquelle il s'agit de faire passer le ballon : le règlement

1. Le yard vaut 91 centimètres.

de l'Association substitue à la barre une corde sous laquelle doit passer ledit ballon. Les lignes marquant les deux petits côtés du parallélogramme s'appellent lignes de but; celles qui dessinent les deux grands côtés s'appellent lignes de touche. L'intervalle qu'elles délimitent est le champ.

Le costume habituel se compose d'un tricot de laine, d'une culotte arrêtée aux genoux, de bas rayés auxquels on peut ajouter des jambières rembourrées pour protéger les tibias contre les coups de pied destinés au ballon, mais qui se trompent souvent d'adresse, enfin d'une paire de gros souliers lacés et d'une casquette de flanelle.

Supposons qu'on joue à la mode de Rugby. Le ballon est ovoïde. Les joueurs, au nombre de trente, se divisent en deux camps de quinze, distingués par la couleur de leur tricot ou par quelque autre indice, et chacun sous le commandement d'un capitaine. On tire à pile ou face pour le choix du côté (celui du vent est le meilleur) et, le choix arrêté, les deux partis prennent position en avant de leur *but* respectif et dans l'ordre que voici :

Dix joueurs, rangés en ligne de chaque côté, forment l'avant-garde : ce sont les *forwards*. Deux autres, à quelques pas en arrière, sont dits *halfbacks* (demi-centres); un autre est le *three quarters back* (trois quarts en arrière); enfin deux autres *backs* forment l'arrière-garde.

Il s'agit, pour chacun des partis, d'arriver à envoyer le ballon par-dessus la barre du *but* de ses adversaires et de marquer ainsi un point. La partie se compose habituellement de plusieurs reprises, en deux après-midi et dans un temps fixé d'avance.

Les joueurs en place, le capitaine du côté perdant
à pile ou face (disons du côté B) place le ballon au
milieu du champ, et, d'un coup de pied, l'envoie vers
le but adverse. Jusqu'à ce moment, l'avant-garde des
deux partis doit être restée à la distance de dix yards
au moins du ballon. Mais, dès qu'il a quitté le sol, les
évolutions sont libres. Un joueur du côté A saisit le
ballon au passage et le renvoie vers le côté B, aussi
loin qu'il peut dans la direction du but. Là on le
ressaisit de nouveau; mais, avant que le joueur ait pu
donner son coup de pied, il est ordinairement appréhendé au corps, colleté, renversé au besoin par ses
adversaires et mis dans l'impuissance d'agir. Si
l'opération s'est accomplie dans les règles, il crie :
« Down! » (A bas!) Immédiatement il est relâché, le
ballon est laissé à terre et les forwards des deux
partis se jettent coude à coude et la tête baissée les
uns contre les autres, de manière à former une masse
compacte de lutteurs, sous les pieds desquels roule le
ballon.

C'est ce qu'on appelle un *scrummage*, c'est-à-dire
une *mêlée*.

Inutile de dire que, dans cette mêlée, tous les
moyens, ou peu s'en faut, sont légitimes pour avoir
le dessus et arriver au ballon. Il faudrait être plus
sage que nature pour bien mesurer la portée de chaque
coup de pied, de chaque effort musculaire, de chaque
poussée.

Cependant les *backs*, ou tirailleurs du centre et de
l'arrière-garde, sont restés sur le qui-vive, en dehors
de la masse grouillante des *forwards*, prêts à ramasser
le ballon, s'il sort de la bagarre, pour l'emporter en
courant vers le but adverse et *touch it down*, c'est-à-

dire faire prendre terre au projectile en arrière de la ligne du but.

Mais les *backs* de ce camp sont sur la route du porteur pour l'arrêter s'ils peuvent, et cela par un moyen quelconque, pourvu que ce ne soit ni en le saisissant par ses vêtements, ni en lui prenant la jambe au-dessous du genou. (Avant les adoucissements actuels du jeu, il était parfaitement licite de se donner des coups de pied aux tibias : cela s'appelait *hacking*. Cette pratique est aujourd'hui devenue illégale.)

Il va sans dire que la mêlée des *forwards* s'est dissoute en s'apercevant que le ballon n'est plus sous ses pieds.

Admettons que le porteur du ballon n'ait été ni arrêté ni appréhendé au corps par ses adversaires, et qu'il ait réussi à envoyer le projectile au delà de la ligne du but : il a droit à un *try* ou *essai*.

Voici comment s'effectue cet *essai*. Un joueur de son parti relève le ballon et le rapporte jusqu'à la ligne du but, où il marque l'empreinte de son talon; puis, poursuivant sa marche jusqu'à une distance à peu près égale, en dehors du champ, à celle qu'il vient de mesurer en dedans, il fait une encoche sur le sol et y dépose le ballon; aussitôt un autre joueur de son camp, qui l'attend, lance la vessie d'un coup de pied vers le but adverse. Passe-t-elle par-dessus la barre, c'est un *but* à marquer.

Tel est, à grands traits, le *football* à la mode de Rugby. La règle de l'Association est beaucoup plus simple.

Elle comporte un ballon globulaire et qu'il faut envoyer avec le pied *sous* la corde du but, sans jamais le toucher avec les mains. Seul, le gardien du but a

le droit de s'en servir pour défendre sa position en
arrêtant le ballon.

La disposition du terrain est la même qu'à Rugby,

Football. — Essai et but.

sauf qu'il n'y a pas de *touche* hors de la ligne du but,
et, par conséquent, pas d'*essais*. En d'autres termes, il
n'y a qu'une seule manière de marquer un but, c'est
d'arrêter à point le ballon et de l'envoyer du pied
entre les poteaux et sous la corde du but adverse.

En revanche, s'il arrive que le défenseur du but, en essayant d'arrêter le ballon, l'envoie lui-même derrière sa ligne, il donne à ses adversaires le bénéfice d'un *corner kick*, ou coup de coin.

On apporte le ballon dans l'un des angles voisins du but : les assaillants se forment en ligne devant ce but ; un des leurs envoie le ballon vers eux, et ils s'efforcent de lui faire franchir la porte dessinée par les poteaux et la corde.

On reviendra plus loin et en détail sur les règles actuelles des deux jeux anglais, selon le rite de Rugby et selon le rite de l'Association. Il ne s'agit ici que d'en donner une première idée générale et en quelque sorte historique.

En France, le jeu de ballon a toujours été joué, dans le Midi, sur les champs de paume et à l'aide d'un brassard de bois ; dans le Centre, sous le nom de *barette* ; dans le Nord et l'Ouest, sous les dénominations de *melle*, *soule*, *choule* ou *choulage*, et sur des règles aussi variées que les noms. Si l'on ajoute que ces règles se transmettaient exclusivement par tradition orale, et que le jeu de ballon français, mal vu par les autorités locales, n'était toléré qu'à certains jours, on s'explique de reste qu'il n'ait jamais pris un caractère véritablement national. Que ce jeu soit néanmoins identique, au moins dans ses origines, avec le football, on ne saurait en douter quand on l'a vu pratiquer dans les départements de l'Aisne et de la Somme ; à Rollot, près de Montdidier, par exemple, le *choulage* est encore joué tous les ans dans l'après-midi du mardi gras. Les célibataires forment une équipe et les nouveaux mariés de l'année l'équipe adverse. Les deux buts, à 300 mètres environ l'un de l'autre, sur un vaste terrain communal exclusivement consacré aux jeux de plein air, sont constitués par des mâts portant à leur sommet un cerceau garni de papier, à peu près comme ceux où passent les écuyers de cirque, et dans lequel il s'agit de faire passer le ballon. Ce ballon est un redoutable projectile en cuir bourré de son et pesant 3 ou 4 kilogrammes, que les deux partis lancent du pied, poussent, emportent en courant, se disputent et s'arrachent avec un acharnement extraordinaire, jusqu'à la victoire. L'équipe triomphante fait danser le soir les nouvelles mariées.

Voici, au sujet de ce jeu populaire, les renseignements qui nous ont été fournis par un jeune instituteur, originaire de l'arrondissement de Montdidier, et qui a vu pratiquer la choule à Rollot et Bennaigues.

« La soule ou « choulet » est une grosse balle de cuir très lisse et très lourde, ornée de rubans multicolores.

« Tout le pays attend avec impatience l'époque du mardi gras. La veille, on parle des prouesses accomplies l'année précédente. Le jour tant désiré arrive enfin. Le choulet, offert par la dernière mariée de la saison, est promené au son du tambour dans le village pour rappeler aux habitants qu'une lutte aura lieu l'après-midi.

« Vers deux heures, le monde afflue sur la place publique ; les hommes ont eu bien soin de mettre leurs vieux pantalons et leurs blouses trouées.

« A chaque extrémité de la place a été planté, par les soins du garde champêtre, un poteau surmonté d'un cercle de tonneau qui va servir de but.

« Ce cercle a été garni de papier et ressemble ainsi

à ceux que les clowns emploient dans les cirques et au travers desquels ils passent avec agilité.

« C'est à travers ce papier que le choulet devra être lancé pour que la lutte soit terminée.

« Tout d'abord, il faut dire que les lutteurs se divisent en deux camps, les hommes mariés d'un côté, les garçons de l'autre. Chaque camp a son cerceau de but et tous ses efforts tendront à y faire passer le choulet. Pour ouvrir le jeu, le projectile est lancé au milieu de la place par le maire de la commune. Aussitôt, tous se précipitent à l'envi sur la balle : un mari la saisit, un garçon la lui arrache des mains, un autre mari la saisit ; cette fois il est plus heureux : il lance le choulet avec force vers son poteau.

« La balle passe ainsi de main en main ; elle reçoit bien des coups de pied, car on ne se hasarde guère à la ramasser.

« Tantôt le bataillon serré des chouleurs est auprès du poteau des garçons ; le choulet lancé par une main adroite dans la direction du cerceau est sur le point de crever le papier ; mais un mari saute habilement, arrête le choulet en chemin, le saisit et court de toutes ses forces vers son poteau.

« Tout le monde le suit et la lutte recommence, acharnée.

« Cette masse grouillante d'hommes bondit dans la campagne, roule dans les fossés, saute dans les ruisseaux, se meurtrit aux épines des haies et sur les cailloux des routes.

« La lutte dure depuis longtemps : chacun essuie à la hâte la sueur qui ruisselle sur son front et rentre dans la bagarre.

« Mais on sent que l'assaut tire à sa fin ; les garçons,

moins nombreux et harassés, lancent le choulet avec
moins de force. Les maris s'en saisissent, se protè-
gent les uns les autres, et le choulet, lancé par l'un
d'eux, va crever le papier du cerceau.

« Ce ne sont alors que cris de désappointement et
de joie. Tous sont rompus, moulus ; la sueur ruisselle
sur leurs corps. Ils vont étancher leur soif et passer
en revue l'état de leurs vêtements ; puis chacun se
retire, les vainqueurs triomphants et les vaincus se
promettant une revanche.

Choule picarde.

« Ce n'est point fini. Il faut naturellement que les
vainqueurs aient leur récompense. Le soir, il y a grand
bal public, on se divertit ; puis, pour terminer, les mu-
siciens jouent une danse du pays : « le branle ». C'est
là qu'arrive la récompense : les vainqueurs seuls ont
le droit de prendre part au branle.

« Si les maris ont gagné, ils font danser les dames,
et les garçons regardent tristement. Si ce sont les garçons qui ont la victoire, les maris ne voient pas sans
dépit leurs moitiés au bras des triomphateurs pendant
toute la durée du branle.

« Tel est le jeu de choule à Rollot. »

L'intérêt de cette communication n'échappera à personne. Nous avons ici le ballon au pied dans sa forme élémentaire et vraiment française. Tout y est : les buts, les distances, le règlement, la distribution des prix à l'état original. Disposition autrement élégante et sûre que la corde ou la barre transversale d'importation anglaise. On voit la grosse balle passant de main en main ou chassée à coups de pied parce qu'on ne se hasarde guère à la ramasser. C'est la physiologie même et l'anatomie du ballon au pied en ses origines picardes.

On ne saurait douter que ce ne soit là, dans la forme primitive et brutale, le jeu même qui a pris en Angleterre le nom de football. La commune de Rollot, éloignée des grandes routes et des lignes ferrées, l'a gardé dans sa pureté native comme pour fournir la preuve du fait historique.

Là, d'ailleurs, pas plus qu'en aucune autre région de la France, on ne trouve une règle écrite, quoique les archives de la commune soient anciennes et riches.

Voici la seule règle que nous ayons pu obtenir, en nous adressant à tous les instituteurs de France, au sujet du « ballon français » :

Les règles du jeu de ballon sont, dans leurs grandes lignes, identiques à celles du jeu de longue paume, et nous n'aurons à relever que des différences de détail, dérivant de la nature spéciale de l'engin employé. Nous rappellerons sommairement les principes du jeu; nous signalerons ensuite les règles particulières applicables au ballon, règles fort simples, d'ailleurs, et que des joueurs s'exerçant fréquemment auront vite fait de s'assimiler.

De même que pour la paume, il est indispensable

d'avoir un terrain d'environ 70 mètres de longueur et
de 13 à 14 mètres de largeur, limité longitudinalement
par une raie tracée dans le sol et divisé en deux
parties égales par une lanière transversale fixée à plat
et qui se nomme : la corde. Une autre lanière, parallèle à celle-ci et distante de 24 à 26 mètres, indique le
« tiré » ; c'est de là que le camp désigné à cet effet par
le sort engage la partie, en tirant ou servant le premier coup.

Chaque faute commise par un camp donne 15 à son
adversaire. L'un des deux camps ayant
45, si l'autre commet une faute, le premier gagne le jeu. Toutefois, si les
deux camps arrivent en même temps
à 45, le marqueur annonce : « A deux ! »
et le jeu n'est gagné que par le camp
qui fait commettre deux fautes successives à son adversaire. A la première,
le marqueur annonce : « Avantage ! » au

Coup de volée.

camp non fautif : mais si celui-ci faisait à son tour
une faute, les deux camps reviendraient « à deux ». Un
jeu peut ainsi durer longtemps, si les forces des
joueurs sont bien équilibrées. La partie est gagnée
par le camp qui réunit le premier le nombre de jeux
convenus, habituellement six.

Il y a faute, comme au jeu de paume :

Lorsque le ballon tombe hors des limites latérales
du jeu ;

Lorsque le joueur qui sert le premier coup ne lui
fait pas franchir la corde ;

Lorsque le ballon ne dépasse pas la chasse ;

Et enfin dans certains cas spéciaux au ballon que
nous verrons plus loin.

Le ballon, venant du camp adverse, se renvoie ou plus techniquement se rechasse, soit de volée (avant qu'il ait touché terre), soit après son premier bond. S'il ne peut être repris après ce premier bond, le joueur le plus rapproché l'arrête, et le marqueur vient enfoncer un piquet ou chasse à la hauteur du point où il a été arrêté.

Lorsqu'il y a deux chasses (une seule suffit lorsqu'un des deux camps a un avantage), les joueurs traversent et jouent la ou les chasses dans les mêmes conditions qu'au jeu de paume.

La partie se joue régulièrement six contre six ou, à la rigueur, cinq contre cinq.

Le ballon se renvoie, soit avec le poing, soit avec le pied, soit même avec n'importe quelle partie du corps. Toutefois, il est interdit de le toucher successivement avec deux d'entre elles, et le joueur qui, par exemple, ayant reçu le ballon sur le bras, le renverrait avec la main ou le pied, ferait une faute, au même titre que si deux joueurs du même camp touchaient le ballon avant qu'il ait été renvoyé par l'autre camp.

On ne peut prendre le ballon avec les deux mains que pour l'arrêter, ni faire une chasse après le deuxième bond. Tout joueur qui présenterait les deux mains et qui, sans même toucher le ballon de ses deux mains, le renverrait avec une seule ou toute autre partie du corps, ferait perdre 15 à son camp.

Les joueurs peuvent se trouver à tout moment, sans qu'il y ait faute, dans le camp de leurs adversaires. Mais il y aurait faute, s'ils sortaient des limites du jeu; ils n'y sont autorisés que dans le cas où le ballon, tombant dans les limites, mais faisant son bond au dehors, l'un des joueurs en sort pour le renvoyer.

Les bonds du ballon étant plus longs que ceux de la
balle, les joueurs ne sont pas tout à fait placés comme
ceux de longue paume. Spécialement, les cordiers se
tiennent un peu plus éloignés de la corde, et les demi-
volées sont plus mobiles, se rapprochant du foncier
ou des cordiers, selon les besoins.

Les joueurs s'enveloppent généralement le poing et
une partie du bras avec une lisière large de deux
doigts, qui amortit le choc, parfois un peu rude, du
ballon.

En l'absence de toute règle écrite, on ne saurait
beaucoup s'étonner que la jeunesse française, quand
elle a tourné son attention vers les jeux de plein air,
se soit montrée disposée à profiter des perfectionne-
ments apportés au jeu de ballon par nos voisins
d'outre-Manche, en un demi-siècle de pratique soutenue. On sait comment ce mouvement a pris naissance
avec les livres d'André Laurie sur *La Vie de collège
dans tous les pays*. Le premier de ces ouvrages, pu-
blié en 1879, préconisait les jeux de plein air comme
la source la plus évidente de la vigueur et de l'énergie
si manifeste dans la race anglo-saxonne. Après avoir
décrit dans tous leurs détails les jeux pratiqués par les
écoliers anglais, André Laurie demandait que des
exercices analogues fussent établis en France dans
tous les collèges et sur les terrains communaux des
moindres villages.

« J'ai beaucoup voyagé dans votre pays, » faisait-il
dire à l'un des héros de son récit, tout entier consacré
à l'apologie des jeux d'exercice ; « c'est pour moi

comme une seconde patrie. J'aime le peuple français pour ses qualités brillantes, pour son esprit, pour sa générosité; qui font de lui la mieux douée peut-être de toutes les races. Mais, je vous le dis avec chagrin, il ne se relèvera pas de ses désastres, et il ne reprendra pas la place qui lui appartient, s'il n'accomplit dans ses jeux une réforme complète.

« Cette opinion peut paraître frivole, elle ne l'est pas. Je lisais dernièrement, dans le *Times*, que les réserves de votre armée avaient été appelées aux exercices annuels, et que les trois quarts des jeunes soldats avaient mal supporté les fatigues des marches forcées auxquelles on les avait soumis. Croyez-vous qu'il en aurait été de même, si tous avaient eu, dès l'enfance, l'habitude des exercices violents? C'est à la jeunesse des écoles, c'est aux adolescents de votre âge qu'il appartient de donner ce salutaire exemple. Rappelez-vous tous que l'Allemagne a dû sa victoire, autant à sa vigueur physique qu'à son esprit méthodique; et cette vigueur, elle en a puisé le germe, il y a cinquante ans, dans les associations athlétiques qui se formaient en toutes les écoles prussiennes, après la rude leçon d'Iéna: »

La doctrine, ainsi formulée en 1879 par André Laurie, et qu'il a depuis lors incessamment rééditée, expliquée, commentée en huit ou dix volumes, cette doctrine ne tarda pas à faire son chemin. Dès le mois de mai 1881, elle recevait une première application au lycée de Bastia, par la formation d'un cercle de marches et de jeux, sous la direction de MM. Garrigues, proviseur, et Delpech, censeur des études. En 1882, les lycées ou collèges de Grenoble, Oran, Bordeaux, Pau, Montpellier, Remiremont, d'autres encore, entraient dans la voie tracée par le lycée de Bastia. L'École Alsacienne de Paris prenait l'habitude de conduire ses élèves, une fois par semaine, soit au Bois de Boulogne, soit à Saint-Cloud. La première Société française de courses à pied se formait au quartier Latin, pour se placer bientôt sous la présidence honoraire de M. de Lesseps et la présidence effective de M. Napoléon Ney. Un cercle de jeux, composé des élèves du lycée Condorcet, se constituait sous la direction de M. Carvallo et pratiquait pendant quatre années consécutives les jeux de plein air sur la pelouse de Madrid, présentement occupée par la Ligue de l'Éducation physique. A la dissolution du cercle, en 1886, par suite du départ de son chef pour l'Espagne, les débris du groupe Carvallo devaient se reformer avec de nouveaux adhérents et comme capitaine M. Cadiot, plus tard chef moniteur de la Ligue.

Dès l'année 1884, un nouveau cercle de ballon s'était formé au Bois de Boulogne, sous la direction de M. Jean-Paul Cook, alors élève du lycée Condorcet, depuis élève en théologie, et qui a plus tard, lui aussi, commandé une équipe sur le terrain de la Ligue.

« En octobre 1884, écrit M. Cook, plusieurs de mes amis du lycée Condorcet et moi, ne pouvant nous joindre le dimanche aux exercices du cercle Carvallo, décidâmes de former un club, le *Lutèce-Football-Club*, et de nous rendre le jeudi à la pelouse de Madrid. L'administration du Bois voulut bien nous y autoriser. Notre cercle, peu nombreux au début, ne tarda pas à grandir et à prendre des proportions encourageantes ; nous devenions de plus en plus habiles, et nous ne tardâmes pas à nous mesurer aux joueurs du dimanche. C'est ainsi que nous eûmes, à plusieurs reprises, avec eux, des matchs qui n'avaient pas la publicité qu'on leur accorde aujourd'hui, mais qui intéressèrent vivement des spectateurs déjà nombreux.

« Ces jours étaient des jours heureux et nous aimons à nous les rappeler. Tous ceux qui ont pris part à ces exercices peuvent dire que cet entraînement ne leur a

Un rallie-papier au Bois de Boulogne.

point été inutile. Ayant eu, pour la plupart, à faire notre service militaire, nous avons tous éprouvé que l'exercice physique, tel que nous le prenions au Bois, était la meilleure préparation aux fatigues de la vie militaire. Tous mes anciens amis sont d'accord pour l'affirmer.

« De temps en temps, nous organisions, dans le Bois de Boulogne, un *rallie-papier;* mais, comme nous n'étions pas alors soutenus par une Ligue nationale, nous avions quelque difficulté à obtenir la permission, et, alors même que nous l'avions, nous étions fréquemment obligés de nous arrêter pour la montrer aux gardes du Bois, ce qui entravait singulièrement notre course. Nous n'en réunissions pas moins pour ces rallies une trentaine de jeunes gens. Malheureusement, je dus quitter Paris au commencement de mars 1886, et abandonner cette œuvre qui m'intéressait beaucoup. Le *Lutèce-Football-Club* finit par se dissoudre. »

En voici le règlement :

LUTÈCE-FOOTBALL-CLUB

RÈGLEMENT

ARTICLE PREMIER. — La Société prend le nom de *Lutèce-Football-Club*.

ART. 2. — La cotisation annuelle est fixée à 5 francs.

ART. 3. — La Société se réunira tous les jeudis, à deux heures, sur la pelouse de Madrid, en face du Tir aux pigeons.

ART. 4. — Un match aura lieu le premier jeudi de chaque mois.

ART. 5. — Le comité, élu par tous les membres actifs du cercle, se composera d'un président, de deux capitaines de camp et d'un secrétaire-trésorier.

ART. 6. — Tout joueur devra rigoureusement obéir au capitaine de son camp.

ART. 7. — Pourront faire partie du *Lutèce-Football-Club* les individus de toutes nationalités.

ART. 8. — Tout candidat devra : 1° être âgé d'au moins quinze ans; 2° être présenté par deux membres actifs du cercle.

ART. 9. — Tout candidat, après avoir été présenté par deux membres, devra ensuite attendre la décision de tous les membres du cercle appelés à délibérer sur son admission.

ART. 10. — Aussitôt qu'il aura été admis, il devra payer la cotisation et se procurer le costume requis (jersey bleu marin).

Paris, le 10 janvier 1885.

Entre temps, la doctrine d'André Laurie se répandait en Belgique et en Suisse. Dès 1883, l'organisation des jeux scolaires s'effectuait en Belgique sous la direction du lieutenant-colonel Docx et prenait rapidement un développement assez considérable pour motiver en 1888 l'envoi d'une commission française chargée par le ministre de l'Instruction publique d'en étudier les effets.

En 1886, les instituteurs de la Seine s'occupaient de cette question et la mettaient à l'ordre du jour de leurs discussions.

Au cours de ces mêmes années paraissaient dans les journaux *le Temps*, *l'Illustration*, dans le supplément littéraire du *Figaro*, plus de deux cents articles signés Philippe Daryl et consacrés aux questions d'éducation physique.

En 1887 s'ouvrait, à l'Académie de médecine, la discussion sur le surmenage, provoquée par M. Spuller, ministre de l'Instruction publique, et au cours de laquelle le docteur Peter disait en propres termes : « Le remède est simple. On le trouvera dans les jeux de plein air, tels qu'ils sont décrits par les ouvrages d'André Laurie. »

Enfin, en 1888, ces idées font leur entrée dans les sphères officielles. Au mois de mars, une circulaire est adressée aux recteurs pour les consulter sur les réformes qui leur paraissent possibles dans cette direction. La causerie au réfectoire est autorisée dans un grand nombre de lycées et collèges ; diverses tentatives sont faites, spécialement dans l'académie de Toulouse, en vue de développer chez les élèves le goût de la marche et de l'exercice au grand air.

Au mois de mai, l'école Monge joue au pré Catelan. Cet événement scolaire est souligné par une conférence ; le conférencier prend pour texte la thèse même de tous les ouvrages d'André Laurie et cite de cet auteur la page essentielle que voici :

« Laissez-moi vous parler d'autre chose. *Un auteur ne devrait jamais se citer lui-même :* aussi bien n'est-ce pas ma prose que je vais vous lire, mais un passage écrit *par un autre* et que j'ai encadré dans la mienne, parce qu'il est tout à fait intéressant. Écoutez ces conseils à un écolier :

« Le premier conseil que je vous donnerai, c'est
« celui-ci : Toutes les fois qu'une chose vous effraye,
« faites-la. Je parle bien entendu des choses possibles,
« de ce qui n'est pas déraisonnable. Le second : Ne
« perdez jamais l'occasion de faire un effort pénible.
« Voyez-vous un grand arbre ? Si vous n'avez rien de
« mieux à faire, grimpez au sommet. Vous trouvez-
« vous devant un fossé ? Sautez-le. Rencontrez-vous
« une haie sur votre chemin ? Au lieu de la contour-
« ner, passez par-dessus. Un garçon plus âgé que
« vous vous attaque-t-il ? Essayez de le battre. Y a-t-
« il une caisse, un meuble, un lourd fardeau à soule-
« ver ? Donnez votre coup d'épaule. Ne méprisez
« aucune fatigue; il n'y en a pas d'inutile. La vigueur
« musculaire n'est pas seulement une faculté natu-
« relle, comme on le croit trop communément; c'est
« surtout une faculté qui s'acquiert par le travail et le
« corps humain a, sous ce rapport, une si singulière
« élasticité qu'un jeune garçon quelconque pourrait
« se proposer comme but de lever bientôt à bras tendu
« un poids que d'abord il n'aurait pas même pu sou-
« lever : il y arriverait presque toujours, à la condi-
« tion de se soumettre à un exercice régulier, continu
« et progressif. »

« Je livre ceci à vos méditations, ajoute le conférencier ; mes commentaires n'y ajouteraient rien et votre sagacité vous en fera bien reconnaître toute la justesse. »

A cette heure, il est visible que la croisade d'André Laurie a abouti dans les régions supérieures de l'Université. Les plus illustres de ses membres — et au premier rang M. Jules Simon, M. Gréard, M. Brouardel, M. le docteur Marey — se sentent graduellement pénétrés par les vérités ambiantes, sans trop savoir peut-être quelle en est l'origine, et apportent à l'éclosion définitive de ces germes l'appoint considérable d'un nom respecté, d'une haute influence morale, d'une situation prépondérante à la tête du corps enseignant. D'autre part, des publications nombreuses témoignent de la place que les exercices du corps prennent de plus en plus dans les préoccupations publiques.

La question est mûre et le moment est venu de frapper un coup décisif. C'est alors que commence dans les colonnes du journal *le Temps*, en juillet 1888, la mémorable campagne qui devait aboutir à la fondation de la *Ligue nationale de l'Éducation physique*.

L'idée de former la Ligue était venue en 1886, au cours d'un voyage en Irlande, à celui qui devait en être le promoteur, M. Paschal Grousset, qui depuis huit ans signait ses livres et articles, tour à tour, André Laurie ou Philippe Daryl. Il avait vu là quel puissant levier l'association peut mettre au service d'une idée juste et il avait rêvé d'avoir ce levier en main. La grande affaire en pareil cas est de saisir l'oreille du public et, quand on l'a une fois saisie, de parvenir à la garder. Cette chance heureuse, les articles du *Temps* sur les Jeux scolaires et l'Éducation physique la rencontrèrent du premier coup, grâce surtout (l'auteur le savait de reste) à la tribune où il prêchait son sermon et à la composition de l'auditoire.

Cet auditoire était précisément celui qui pouvait l'écouter et l'entendre. On le vit bien, dès les premiers jours, aux lettres qui arrivaient en masse, demandant une sanction, une tentative pratique. D'accord avec quelques amis, on avait songé d'abord à une simple

Football. — Renvoi par un coup de volée.

société d'études et à la création d'une école de jeux, chargée d'en analyser les effets physiologiques. Rien qu'à l'écho rencontré par cette proposition, il fut évident qu'il fallait prendre les choses de plus haut. Tous les éléments d'une grande et durable association s'offraient d'eux-mêmes : c'étaient des professeurs, des médecins, des ingénieurs, des industriels qui la voulaient, l'exigeaient.

Il fallut la faire. On convint expressément que la politique resterait étrangère à la chose et qu'on ferait appel à tous les hommes de bonne volonté, appartenant à toutes les opinions. Le 14 octobre 1888,

M. Berthelot, le créateur de la synthèse chimique, acceptait la présidence d'honneur de cette synthèse morale; elle devait bientôt avoir pour président effectif l'illustre auteur de la *Machine animale*, M. le docteur Marey, l'homme vivant qui a le plus fait pour élucider la physiologie du mouvement. Presque aussitôt M. Pasteur, M. Émile Augier, M. Alexandre Dumas, M. Ambroise Thomas, M. Michel Bréal, M. Henry Marion, M. Charles Garnier, M. Zadoc Kahn, M. Bartholdi envoyaient leur adhésion. Le 23 octobre arrivait celle du recteur de Grenoble. Puis, coup sur coup, celles de quatorze recteurs d'académie sur seize, du directeur du collège Chaptal, du directeur du collège Rollin, d'un groupe d'élèves de Condorcet, du proviseur de Janson-de-Sailly, du directeur de Sainte-Barbe, du proviseur de Lakanal, des maires de Paris et des grandes villes. Le mouvement se généralisait et s'étendait bientôt à tous les départements. Dès le commencement de décembre 1888, le secrétaire du comité d'initiative pouvait dire à ses collègues dans un premier rapport:

« La Ligue est faite. Non seulement son programme a trouvé dans toutes les couches sociales l'accueil le plus sympathique ; mais les représentants les plus considérables du génie français dans les sciences, dans les lettres et dans les arts, — l'Université, par quatorze de ses recteurs d'académie, — les maires de Paris et des grandes villes, — un nombre imposant d'officiers de terre et de mer, de magistrats, d'ingénieurs, de médecins, de professeurs de l'enseignement supérieur et secondaire, de directeurs d'école normale, d'instituteurs, d'industriels, de négociants, de pères de famille ont adressé leur signature à votre secrétariat. Nos groupes régionaux et départementaux s'organisent, encadrés dans l'élite de la France pacifique, laborieuse et créatrice. Notre mot d'ordre est devenu celui des corps savants, des chefs de l'armée, de tous ceux qui ont au cœur quelque virilité, quelque souci du lendemain et des destinées du pays. »

Si l'on rappelle ici des faits si notoires, c'est qu'ils eurent sur la destinée du jeu de ballon en France une influence décisive. Un des premiers soins de la Ligue de l'Éducation physique avait en effet été d'instituer au Bois de Boulogne, sur la pelouse même de Madrid, berceau classique de l'athlétisme français, une « École normale des jeux scolaires ». Dès le mois de novembre 1888, des équipes formées d'élèves du lycée Janson-de-Sailly, du lycée Condorcet et du collège Rollin pratiquaient là tous les jeux de plein air, sous les yeux d'un public de plus en plus sympathique : le *ballon* et la *thèque*, sous la direction de M. Cadiot; la *paume*, sous celle du docteur Dive et de M. Salles; la *crosse*, sous celle d'un fameux amateur canadien, M. Duncan Bowie, de Montréal. Ces épreuves expérimentales n'eurent pas seulement pour résultat d'initier de nombreux élèves aux grands jeux qu'ils ne connaissaient pas; elles dissipèrent beaucoup d'erreurs et de préjugés, spécialement en ce qui touche au football ou barette. On vit là que ce jeu réputé brutal et dangereux, ce jeu si fécond en accidents graves parmi les Anglais, est absolument sans péril, pratiqué par nos petits Français courtois, souples et légers. Alors que les fractures et les luxations résultant du football sont innombrables chaque année en Angleterre, il n'y eut pas à signaler à Paris un seul fait de cet ordre pendant tout l'hiver de 1888. Cette constatation avait une haute importance. Elle rallia au jeu de ballon beaucoup de bons esprits.

D'autre part, le besoin s'était immédiatement fait sentir de jouer correctement et sur une règle précise. D'où la formule ci-dessous, que la Ligue nationale de l'Éducation physique promulgua le 1er décembre 1888, et qui fut immédiatement adoptée par le ministère de l'Instruction publique à l'usage des lycées et collèges.

Barette ou Football.

1° Le nombre des joueurs est variable de vingt à quarante, mais doit toujours être pair, afin de se prêter à la division en deux camps égaux, chacun sous le commandement d'un capitaine.

2° Le matériel se compose de quelques pieux, perches et guidons, pour marquer les limites et le but, et d'un ballon ovoïde, de 30 centimètres de diamètre sur 38. Ce ballon doit être extrêmement solide pour résister aux coups de pied qu'il reçoit. Il est ordinairement fait d'une vessie de caoutchouc enfermée dans une forte gaine de cuir. Les meilleurs sont ceux qu'on se fabrique soi-même avec une vessie de porc qu'on fait envelopper par un cordonnier d'une gaine de quatre pièces de gros cuir de veau fortement cousues, bordées comme un soulier de chasse et pourvues d'une ouverture lacée.

Une bonne barette est chose précieuse et rare, sans compter qu'elle coûte une douzaine de francs. Il faut donc en avoir soin et la faire durer deux ou trois ans, en la graissant après chaque partie, pour la suspendre dans un lieu sec et aéré.

3° Le terrain est une esplanade quelconque, de préférence gazonnée. On y dessine avec des lignes, des pieux ou des guidons un parallélogramme de 150 mètres sur 65. Puis on marque par une paire de poteaux plantés à 5 mètres et demi l'un de l'autre, au milieu de chacun des petits côtés du rectangle, ce qu'on appelle les buts.

D'un poteau à l'autre, à 3 ou 4 mètres du sol, on tend une corde horizontale portant une banderolle en son milieu, et par-dessus laquelle doit passer la barette, pour que le coup soit bon.

(Cette corde est une complication que négligent beaucoup de joueurs sérieux, qui se contentent d'apprécier au jugé si la barette est passée à la hauteur voulue. On peut même, à l'occasion, se passer de toute espèce de poteaux et guidons, en traçant simplement la figure sur le sol.)

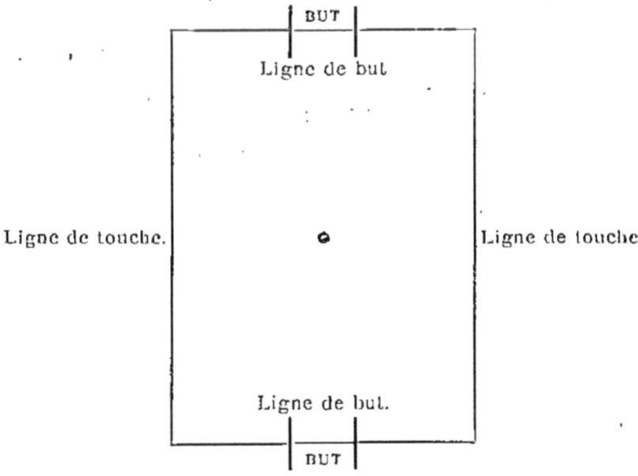

Les lignes marquant les deux petits côtés du parallélogramme s'appellent lignes de but. Celles qui dessinent les deux grands côtés sont les lignes de touche. L'intervalle qu'elles limitent est le champ.

4° Les joueurs se divisent en deux camps. On tire à pile ou face pour le choix du côté (celui du vent est le meilleur) et, le choix arrêté, les deux partis prennent position en avant de leur but respectif, pour le défendre et empêcher le ballon de le franchir.

A cet effet, les deux armées se placent en ordre dispersé, chacune avec son avant-garde, son centre et son arrière-garde.

Football. — Coup d'envoi.

5° Il s'agit, pour chacun des deux camps, d'arriver à envoyer la barette entre les poteaux et sur la corde du but adverse et de marquer ainsi un point.

La partie se compose habituellement de plusieurs reprises de trois points, dans un temps ordinairement fixé d'avance.

6° La barette ne doit jamais être lancée avec les mains, quoiqu'elle puisse être saisie, emportée et déposée au but.

Il y a trois manières de la lancer :

En la posant à terre sur un bout, dans un petit creux du sol, et prenant élan pour la frapper du pied ;

En la laissant tomber et la frappant du pied avant qu'elle ait touché terre ;

En la laissant tomber à terre et la frappant du pied après son premier bond.

7° Les joueurs en place, le capitaine du parti qui n'a pas eu le choix du côté pose la barette au milieu du champ et, d'un coup de pied, l'envoie vers le but adverse.

Jusqu'à ce moment, l'avant-garde des deux partis doit être restée à la distance de 10 mètres au moins du ballon. Mais, dès qu'il a quitté le sol, les évolutions sont libres.

8° Quand le ballon, du premier coup, franchit la ligne de touche, le coup est nul et doit être recommencé si la partie adverse l'exige.

Il en est de même si la barette est saisie par un adversaire derrière le but, avant d'avoir touché terre.

9° La barette une fois lancée correctement, c'est-à-dire dans les limites du champ, l'objet propre du jeu est pour chaque joueur d'arriver à la faire passer derrière les deux poteaux du but adverse, ou tout au moins derrière la ligne de but, et pour cela tous les moyens sont bons, c'est-à-dire qu'on peut, soit lancer la barette d'un coup de pied, soit s'en saisir et l'emporter vers le but.

D'autre part, les adversaires poursuivent le ravisseur, cherchant à lui couper le chemin, à l'arrêter, en un mot à le mettre dans l'impuissance de réaliser son dessein. Mais les traditions de la courtoisie française exigent que cette poursuite ne dégénère pas en pugilat, en luttes corps à corps et en bagarres, comme cela arrive trop fréquemment dans les pays de mœurs brutales et grossières. Celui qui atteint le fugitif se contente donc chez nous d'effleurer la barette, en criant : « Touché! »

Aussitôt chacun s'arrête; la barette est posée à terre

et l'avant-garde des deux partis, se plaçant en rond autour d'elle, épaule contre épaule, la face vers le centre, forme le *cercle* ou *mêlée*.

10° Le cercle se resserre; chacun pousse de son mieux, mais il est interdit de frapper volontairement la barette avec le pied ou de la saisir avec les mains, jusqu'à ce qu'elle sorte en roulant de la masse compacte des joueurs.

11° Dès qu'elle est sortie, qui peut s'en empare et tâche de l'envoyer au but.

12° Les joueurs doivent toujours se tenir entre la barette et leur camp; faute de quoi, on crie : « En place ! » et c'est encore un cas de mêlée.

13° Un joueur qui court en emportant la barette, et qui se voit sur le point d'être pris, la lâche-t-il ou la lance-t-il autrement qu'avec le pied, on crie : « A faux ! » et le camp adverse a droit au coup franc.

14° A cet effet, un des joueurs de ce camp prend la barette et la frappe du pied debout sur le sol, tous les autres se tenant à 6 mètres de distance au moins.

15° Pour faire le but d'emblée, en courant avec la barette, il faut d'abord l'envoyer d'un coup de pied entre les poteaux, à la hauteur voulue, puis la ressaisir et lui faire toucher terre derrière la ligne de but : chose difficile et rare : ou bien il faut contourner le but et venir déposer la barette entre les poteaux, chose presque aussi malaisée à réaliser.

Ordinairement, le coureur qui emporte la barette n'arrive d'abord qu'à lui faire toucher terre au delà de la ligne de but. C'est ce qu'on appelle gagner un avantage, parce qu'on acquiert ainsi le droit de frapper un coup franc vers le but.

16° Toutes les fois que la barette a passé la ligne de

but, qui peut la saisit et lui fait toucher terre le premier, ce qui lui donne droit au coup franc.

Si celui qui l'a saisie appartient au camp de ce côté, il fait vingt-cinq pas vers le camp adverse et frappe son coup dans le même sens.

Au cas contraire, on marque seulement quinze pas, et naturellement le coup est envoyé vers le but auquel on a tourné le dos en mesurant ces quinze pas.

Football. — En touche.

17° S'il arrive que la barette soit lancée hors de la ligne de touche, qui peut la relève et se place au point où elle a franchi la limite. Tous les autres de son parti se rangent face à face devant lui, sur deux lignes, de manière à former une sorte de couloir vivant. Lui, saisissant bien son moment, il fait toucher terre à la barette et vivement l'envoie à l'un des siens, ou bien, après une feinte, il l'emporte en courant vers le but, tandis que les adversaires surveillent les joueurs du couloir.

18° Tout joueur qui saisit et arrête la barette à la volée a droit à un coup franc.

19° Pour marquer un point, il faut avoir fait passer

correctement la barette dans le but adverse, selon les conventions arrêtées.

Quand le but a été franchi incorrectement, c'est-à-dire quand la barette passe plus bas qu'il n'a été convenu, on compte seulement une touche, c'est-à-dire un quart de point.

20° Les deux camps changent habituellement de côté au milieu du temps assigné à la partie.

Sans doute, cette règle était loin d'être parfaite et définitive. Ceux qui la promulguaient n'avaient à cet égard aucune illusion. Mais elle avait le grand mérite d'être une règle et de dire clairement les choses en français. Aussi exerça-t-elle sur le développement du jeu de ballon, dans toute la France, une influence décisive. Répandue partout par la Ligue et par l'administration universitaire, elle eut pour effet immédiat de mettre en circulation courante des mots et des choses qui paraissaient jusqu'alors avoir le caractère d'un grimoire fermé aux profanes. On s'aperçut soudain que ce terrible football ou barette n'était point, comme on le supposait, un mystère impénétrable sans maître; des élèves, des professeurs de lycées ou collèges, des instituteurs se mirent à pratiquer le ballon sans autre guide que la formule de la Ligue, s'en trouvèrent fort bien et le dirent partout. La barette ou football était désormais entrée dans les mœurs nationales. Ce fut l'affaire de deux mois.

Est-ce à dire qu'un bon chef soit chose inutile pour y passer profès? Ce serait une grande erreur, et rien ne le montré mieux que l'influence directe exercée sur les élèves par M. Cadiot, l'excellent moniteur que la Ligue s'était attaché en novembre 1888 et qui dirigea ses exercices jusqu'en 1891. L'hommage public que lui a rendu à ce moment le *Bulletin* de la Ligue appartient à l'histoire des jeux de plein air en France : à ce titre, il faut le reproduire ici :

« Un jeune homme, presque un enfant, écrivait M. Paschal Grousset, nous quitte pour aller prendre sa place sous le drapeau : M. Cadiot, le chef des jeux de la Ligue et son collaborateur de la première heure. Nous manquerions à un devoir, si nous ne saisissions l'occasion naturelle de dire tout le bien que nous pensons de ce vaillant, de ce parfait cavalier, de cet instructeur accompli.

« A deux ans de distance, nous revoyons la froide matinée d'octobre où, tout fluet et modeste, il se présentait rue Vivienne, pour nous offrir son concours. — Il a, nous dit-il, la passion des jeux en plein air; de tout temps il les a pratiqués, en Angleterre d'abord, puis à l'école Jean-Baptiste-Say, puis au Bois de Boulogne avec quelques amis, débris du cercle Carvallo ; si nous voulons, il sera des nôtres... — Que de chemin parcouru dans ces deux années! C'était tout à fait au début. La Ligue venait à peine de briser sa coquille et n'avait encore, parmi ses adhérents, qu'un seul recteur sur seize. « Jouer à la paume ou au ballon, « disait-on couramment, quelle folie !... A quoi bon « la gymnastique naturelle du jeu, quand nous avons « à notre service des salles hérissées d'agrès ?... « Est-ce que Nisard ou Le Verrier jouaient à la balle ?... « Et vous parlez de grand air ! Voulez-vous donc que « nos élèves s'enrhument ? Voulez-vous donc qu'ils « s'exhibent en maillot, comme des acrobates, et se « donnent en spectacle dans les jardins publics ?...» Ainsi raisonnaient des gens graves ou qui croyaient l'être.

« Convenons-en, les temps sont changés déjà. Non pas, certes, que l'Éducation physique ait définitivement gagné la bataille ou qu'il lui soit permis de s'endormir sur ses premiers lauriers.

« Mais, enfin, ces lauriers ne sont pas tout à fait chimériques.

« Elle existe, elle a conquis sa place au soleil; on daigne s'occuper d'elle dans les conclaves universitaires; ses ennemis eux-mêmes sont obligés de lui rendre hommage, ne fût-ce que par leurs calomnies, et de l'embrasser, pour mieux chercher à l'étouffer; les seize académies sont entrées l'une après l'autre dans son orbite; le chef de l'État en personne a pris la tête d'un mouvement qui restera l'honneur de sa magistrature; des Lendits solennels ont porté jusqu'aux couches profondes de la nation des mots et des pensées dont elle avait perdu l'habitude. A l'heure présente, cinquante lycées et cent collèges jouent en plein air, ou feignent de jouer et, s'il est vrai que l'hypocrisie soit un hommage rendu à la vertu, il faut bien admettre que la vertu a fait en France quelques progrès.

« A ces premiers jours de la Ligue, tout cela n'était encore qu'un rêve. Il n'y avait ni jeux, ni règles, ni matériel, ni moniteurs, ni élèves. Parmi les petites sociétés d'amateurs qui pratiquaient dans leur coin la course à pied ou la paume, personne ne s'inquiétait du pauvre collégien grelottant sous sa tunique étriquée, et personne n'avait l'idée ou la force de l'associer à ces exercices. Même on nous traitait ouvertement de visionnaire, nous qui prétendions changer ses mœurs, et l'on nous disait pontificalement, dans la presse ou ailleurs : — Vous ne réussirez pas !... Vous allez au-

devant d'un échec mémorable... Vous ne récolterez
que des fluxions de poitrine...

« Un mois plus tard, quelle différence !... Une pelouse au Bois, des élèves de Rollin, de Condorcet et
de Charlemagne, enrôlés sous nos couleurs ; le lycée
Janson tout entier, son proviseur en tête, entrant dans
le mouvement ; quinze recteurs adhérant, l'un après
l'autre, à nos statuts, par lettres motivées ; le ballon, la
thèque, le gouret, joués tous les jeudis et dimanches ;
un fameux amateur canadien, M. Duncan Bowie, venant
montrer à nos enfants le vieux jeu de la crosse ; et tout
Paris d'abord, puis toute la France, s'associant par sa
curiosité, par son approbation, par son intérêt soutenu, à nos premiers essais...

« C'était l'âge héroïque des difficultés vaincues, des
obstacles surmontés, des positions enlevées une à une.

« Dans ce combat, nul n'a mieux payé de sa personne
que M. Cadiot. Avec quel entrain, quelle vigueur et
quel indomptable courage ce capitaine de dix-huit ans
gouvernait sa jeune armée, c'est ce que chacun garde,
présent à l'esprit. Qui l'a vu se jeter au plus fort de la
bataille, enlever prestement le ballon, l'emporter en
courant, le laisser tomber pour l'envoyer d'un coup
par-dessus le but, ou, s'il se trouve serré de trop près,
tromper ses adversaires par une feinte habile ; qui l'a
entendu lancer, comme un appel de clairon, son : *En
avant, les nôtres !*... qui a vu et entendu cela, sait ce
qu'est le ballon au pied...

« Pourquoi ne pas le dire? M. Cadiot est, en son
genre, un virtuose. Il vaut, s'il ne les dépasse, les
meilleurs joueurs anglais, par le plus rare ensemble
de finesse et d'énergie, d'endurance et d'adresse, de
fond et de rapidité.

« Il a formé les seuls élèves qui soient présentement
en état de faire figure de champions parisiens. Il a,
dans toute la force du terme, fondé l'école française de
ballon au pied, et tout ce qu'on peut souhaiter à ceux
qui le suivront, c'est de lui ressembler, même de loin,
et de faire d'aussi bon ouvrage.

« Le voilà soldat. Puisse la classe à laquelle il
appartient, et les classes à venir, en compter beaucoup
comme lui ! C'est le vœu de la Ligue et c'est aussi son
but. »

C'est ainsi que, pendant les hivers de 1888, 1889 et
1890, se formèrent sur la pelouse de la Ligue les meilleurs joueurs de barette ou football que la France
compte à ce jour. Nommons tout spécialement
MM. Dolbeau, Saint-Chaffray, Paulian, Mauger, Fouché,
Babut, Ottin, Fraisse, Antoine de Fonvielle, etc.

Aux Lendits solennels de 1889 et 1890, organisés par
la Ligue et présidés par le chef de l'État, des parties
d'honneur de ballon furent jouées par ces jeunes
champions devant un public nombreux et influent;
elles contribuèrent beaucoup à populariser ce mâle
exercice. Enfin, le 25 mars 1890, eut lieu sur la pelouse
de Madrid, et d'après la règle de la Ligue, le premier
match scolaire international de barette ou football,
entre l'équipe du lycée Janson-de-Sailly et quinze
élèves anglais ou américains de l'école Cotta. La victoire resta au lycée Janson et fut saluée par les acclamations de tout ce que Paris comptait alors d'amateurs
éclairés des sports virils.

Entre temps, une nouvelle association était née dans
le sillage de la Ligue nationale de l'Éducation physique
et par un effet naturel du prodigieux retentissement que
sa propagande trouvait dans le pays. Deux sociétés de

courses à pied, le *Racing-Club*, fondé en 1882, et le
Stade français, fondé en 1883, jugeant avec raison
qu'elles ne pouvaient plus désormais se réduire au

Le Racing-Club
au
Bois de Boulogne

Le Stade français
aux Tuileries.

pédestrianisme, résolurent d'ajouter les jeux de plein
air à leur programme et de former une *Union des Sociétés de sports athlétiques*. A quelle date précise
s'opéra l'éclosion? C'est ce qu'il n'est pas aisé de déter-

miner, par la raison qu'il n'y eut point d'acte de naissance régulier. On peut néanmoins être certain de ne se tromper guère en fixant cet événement notable à deux ou trois mois de date après la fondation et l'éclatant succès de la Ligue (14 octobre 1888). Tout le monde, en effet, peut constater dans les collections de journaux spéciaux qu'au 1ᵉʳ janvier 1889 il existait en France des « Unions » de *tir*, d'*aviron*, de *gymnastique*, de *vélocipédie*, de *courses à pied*, mais point d'« Union » des *sports athlétiques*, ainsi dénommée, et que peu après cette date on voit apparaître la nouvelle rubrique.

La jeune association s'en tint d'abord aux projets. Une communication de son secrétaire, M. Jules Marcadet, adressée à M. Paschal Grousset en réponse à une demande courtoise de renseignements, et datée du 17 avril 1889, déclare que « l'Union *se propose* de donner *l'année prochaine* des coupes de défi pour des parties de *ballon*, *crosse*, etc. »

En attendant, elle commençait par publier des règles de jeu (mai 1889) et notamment des règles de football, adaptées de celles de Rugby et de l'Association. Voici ces premières versions, aussi peu satisfaisantes que celle de la Ligue, il faut bien le dire, au point de vue de la langue et de la précision.

RUGBY

Article premier. — *Terrain*. — Les dimensions du terrain ne doivent pas avoir plus de 100 mètres de longueur d'un but à l'autre, sur 70 mètres de largeur.

Art. 2. — *But*. — Les buts sont formés par deux poteaux, hauts de 4ᵐ,50, plantés à 5ᵐ,60 l'un de l'autres, reliés par le haut par une barre transversale à 3 mètres du sol.

Art. 3. — *Gain du but*. — Pour gagner un but, il faut que le ballon ait été envoyé directement du champ par-dessus la barre transversale, soit par un coup franc (1°), soit par un coup tombé (2°).

Il existe trois manières d'envoyer le ballon avec le pied :

1° *Coup franc.* — En plaçant le ballon à terre, dans un petit creux, et en prenant élan pour le frapper;

2° *Coup tombé.* — En le laissant tomber et en le frappant au premier bond;

3° *Coup de volée.* — En le laissant tomber et en le frappant avant qu'il ait touché terre.

Un but ne peut être gagné ni par un coup de volée ni par un coup d'envoi (*art. 9*).

Art. 4. — *Le jeu.* — Une partie se joue entre quinze joueurs pour chaque camp, à moins qu'il n'ait été stipulé autrement.

Art. 5. — Un match se décide à la majorité des points. Un but gagné vaut trois points; un essai (*art. 14*), un point; un but gagné par un essai ne vaut qu'un point.

Si le nombre des points gagnés de part et d'autre est égal, ou si ni but ni essai n'ont été gagnés, la partie est annulée.

Art. 6. — Les capitaines des deux camps jouent à pile ou face au commencement de la partie; le gagnant a le choix du côté ou du coup d'envoi.

Art. 7. — *Durée de la partie.* — On fixe à l'avance la durée de la partie; à la mi-temps, les camps changent de côté.

Art. 8. — La partie ne peut être arrêtée ou les camps ne peuvent changer de côté à la mi-temps tant que le ballon est en jeu.

Art. 9. — *Coup d'envoi.* — Le ballon est mis en jeu au commencement de la partie par un coup franc, au centre du terrain.

Les joueurs du camp opposé à celui qui donne le coup d'envoi doivent se tenir à 10 mètres du ballon tant que le ballon est en jeu.

Les joueurs de l'autre camp se mettent sur la même ligne que le ballon.

Si le coup d'envoi fait tomber le ballon en dehors de la ligne de touche, le camp opposé a le droit de réclamer un autre coup d'envoi.

Un but gagné par un coup d'envoi ne compte pas.

Art. 10. — Le ballon est remis en jeu par un coup franc :

1° Quand un but a été gagné; le coup d'envoi est donné par le camp qui a perdu le but;

2° A la mi-temps, quand les camps changent de côté; le coup d'envoi est donné par le camp opposé à celui qui a donné le coup d'envoi au début de la partie.

Art. 11. — *En touche.* — Chaque fois que le ballon dépasse la ligne de touche, il est en touche : un joueur du camp opposé à celui du joueur qui le dernier a touché le ballon, avant qu'il ait passé la ligne de touche, doit le ramener au point où il est sorti du champ ; si un joueur en possession du ballon dépasse, même d'un pied, la ligne de touche, le ballon est en touche : le joueur devra revenir avec le ballon au point où il a passé la ligne de touche.

En l'un ou l'autre cas, le ballon sera remis en jeu par le joueur lui-même ou un joueur de son camp qui pourra ou :

1° Faire rebondir le ballon, le saisir et courir avec ;

2° Ou le lancer à un des joueurs de son camp ;

3° Ou le lancer dans le camp, à un angle droit de la ligne de touche.

Pendant ce temps, les joueurs des deux camps formeront la haie, faisant face les uns aux autres.

Si le joueur ne lance pas le ballon à angle droit ainsi qu'il est prescrit plus haut (3°), le camp opposé a le droit de le prendre et de le remettre en jeu comme s'il était en touche.

Art. 12. — *En touche du but.* — Chaque fois que le ballon dépasse la ligne de touche du but, qu'il soit porté par un joueur ou non, il est mort. Il doit être remis en jeu par un coup tombé donné par un des joueurs du camp auquel appartient le but, se plaçant à un point distant de 22 mètres au plus de la ligne de but.

Si le ballon ainsi envoyé tombe en dehors de la ligne de touche, le camp opposé a le droit de réclamer un nouvel envoi.

Les joueurs du camp qui remet le ballon en jeu doivent se tenir derrière le joueur qui envoie le ballon ; les joueurs du camp opposé doivent se tenir à 22 mètres de la ligne de but.

Art. 13. — *Ligne de but.* — Tout joueur a le droit de faire toucher terre au ballon dans son propre but ou derrière sa ligne de but ; le ballon sera remis en jeu comme il est stipulé à l'article précédent.

Art. 14. — *Essai.* — Quand un joueur fait toucher terre au ballon dans le but ou derrière la ligne de but du camp opposé, il essaye de gagner un but par un coup franc. Un des joueurs de son camp amènera le ballon au point où il a touché terre en ligne droite en un point sur la ligne de but (dans le cas où ce point tomberait entre les deux poteaux formant le but, le point sera pris près d'un des poteaux). De ce point il s'avancera en ligne droite jusqu'à telle distance qu'il jugera utile, et là placera le ballon qu'un autre joueur enverra par un coup franc.

Si alors un but est obtenu, le ballon sera remis en jeu, ainsi qu'il est prescrit à l'article 9; dans le cas contraire, un des joueurs du camp auquel appartient le but touchera le ballon dans sa ligne de but et le remettra en jeu, ainsi qu'il est prescrit à l'article 12.

Pendant l'essai, les joueurs du camp opposé à celui qui fait l'essai se placeront derrière leur ligne de but et ne quitteront pas leur position tant que le ballon n'a pas été placé par le coup d'envoi.

Les joueurs de l'autre camp se placeront en ligne avec le ballon.

Football.
Le passer du ballon.

Art. 15. — *Mêlée.* — Quand un joueur en possession du ballon, en dedans des limites du terrain, fait toucher terre au ballon de son propre accord, ou si, dans sa course, il est arrêté par un des adversaires qui met la main sur le ballon, il doit aussitôt crier : « A terre ! » et le ballon doit être mis à terre. Les joueurs des deux camps l'entourent en serrant les rangs, formant le cercle, chaque camp conservant son côté. Aussitôt que le joueur qui a mis la main sur le ballon le lâche, les joueurs cherchent à le faire sortir du cercle en le poussant du pied et sans le toucher de la main. Aussitôt que le ballon est sorti du cercle, la mêlée prend fin, et la poursuite continue.

Si pendant la mêlée le ballon sort de la ligne de touche, il est alors remis en jeu, ainsi qu'il est prescrit à l'article 11, par le joueur qui a mis le ballon à terre.

Si pendant la mêlée le ballon sort de la ligne de but, il est remis en jeu par le joueur qui lui fait toucher terre, ainsi qu'il est prescrit par l'article 12, si c'est un joueur du camp à qui le but appartient, ou par l'article 13, si c'est un joueur du camp opposé.

Art. 16. — *Arrêt de volée.* — Quand un joueur attrape le ballon à la volée, que le ballon ait été envoyé par le pied ou lancé par un joueur du camp opposé, celui qui l'a attrapé fera aussitôt une marque avec son talon. Il pourra remettre le ballon en jeu d'une des trois manières indiquées. Le camp *opposé* peut alors s'avancer jusqu'à la marque faite par celui qui a attrapé le ballon, et le camp *opposé* devra se retirer; le ballon sera envoyé d'un point à n'importe quelle distance et en ligne droite en arrière de la marque et parallèle à la ligne de touche.

Le ballon attrapé de volée lorsqu'il est lancé de la ligne de touche (*art. 11*) ne constitue pas un arrêt de volée.

Art. 17. — *En jeu.* — *En place.* — Tout joueur n'est pas en jeu s'il se trouve entre le ballon et son propre but. Il ne peut alors ni jouer le ballon et son propre but, ni le toucher, ni arrêter, ni obstruer un adversaire, ni prendre part en aucune façon à la partie tant qu'il n'est pas revenu du bon côté.

Les capitaines doivent rappeler les joueurs qui enfreindraient ce règlement, en leur criant: « En place! » et le camp opposé à celui du joueur qui a enfreint le règlement peut réclamer un envoi, ainsi qu'il est prescrit par l'article 16.

Si un joueur qui n'est pas en jeu prend possession du ballon et court avec, il devra remettre le ballon à l'endroit où il l'a pris.

Art. 18. — Tout joueur peut saisir le ballon et courir avec, tant que celui-ci roule ou bondit, sauf pendant une mêlée. Le ballon est mort aussitôt qu'il est arrêté.

En aucun cas on ne peut saisir le ballon tant qu'il est arrêté, sauf quand il est en touche.

Art. 19. — Il est permis à tout joueur en possession du ballon de le jeter du côté de son but ou de le passer à un autre joueur de son camp, qui à ce moment serait derrière lui.

Art. 20. — *Infractions.* — Il est expressément interdit de frapper le ballon de la main ou de le lancer du côté du but de l'adversaire.

Toute infraction à ce règlement entraîne une mêlée à l'endroit où l'infraction a eu lieu; mais, si le ballon ainsi lancé est attrapé au vol par un adversaire, il a droit de le remettre en jeu, ainsi qu'il est prescrit à l'article 16.

Art. 21. — Il est interdit de donner volontairement des coups de pied ou des crocs-en-jambe, ou d'arrêter un coureur en le saisissant autrement que par la taille.

Toute infraction à ce règlement peut entraîner l'expulsion immédiate du joueur.

Art. 22. — Il est interdit de jouer avec des souliers à clous ou avec des plaques de fer ou de gutta-percha.

Art. 23. — Dans tous les matchs on élira deux arbitres, choisis par les capitaines de chacun des camps.

ASSOCIATION

Article premier. — *Terrain.* — Les dimensions du terrain doivent être : Longueur maxima : 180 mètres ; minima : 90 mètres. Largeur maxima : 90 mètres ; minima : 45 mètres.

But. — Les lignes de démarcation sont indiquées par des petits drapeaux ; les buts par deux poteaux plantés en terre à 7 mètres l'un de l'autre, reliés à 2m,50 du sol par une barre transversale. La circonférence du ballon ne sera pas moins de 0m,68 et plus de 0m,71.

Art. 2. — On tire au sort à pile ou face ; le gagnant a le choix entre le côté du terrain ou le coup d'envoi.

Art. 3. — *Coup d'envoi.* — La partie commencera par un coup d'envoi, qui sera un coup franc, du centre du terrain ; les joueurs du camp opposé à celui qui donne le coup d'envoi se placent à 9 mètres du centre et les autres joueurs ne dépassent pas la ligne du centre tant que le ballon n'a pas été joué.

Art. 4. — *Durée de la partie.* — Les capitaines fixent préalablement la durée de la partie ; à la mi-temps, les camps changent de côté. Après le gain d'un but, le camp perdant a droit au coup d'envoi ; à la mi-temps, lorsque les camps changent de côté, le coup d'envoi appartient au camp opposé à celui qui a donné le coup d'envoi au début de la partie et ainsi qu'il est prescrit à l'article 3.

Une partie est gagnée par la majorité des buts gagnés.

Art. 5. — *Gain d'un but.* — Un but est considéré comme gagné, si le ballon passe entre les deux poteaux et en dessous de la barre transversale, sans qu'il y ait été jeté, frappé de la main ou porté. Le ballon, touchant un des poteaux ou la barre et rebondissant sur le terrain, est considéré en jeu. Un but ne peut être gagné par un coup franc.

Art. 6. — *En touche.* — Quand le ballon est envoyé en dehors des lignes de touche, il est en touche ; un joueur du camp opposé à celui qui l'a envoyé en dehors des limites le jettera dans le jeu du point où il a traversé la ligne de touche ; il fera face au champ, élèvera le ballon par-dessus sa tête et le jettera des deux mains dans n'importe quelle direction il jugera utile ; le ballon ne sera de nouveau en jeu que lorsqu'il aura touché terre, et le joueur

Football. — En touche du but.

qui l'a lancé ne pourra le jouer qu'autant qu'un autre joueur l'aura joué.

Art. 7. — *En touche du but*. — Quand le ballon a été envoyé derrière la ligne de but par un des joueurs du camp opposé, il sera remis en jeu (*par un coup franc*) par un des joueurs du camp auquel appartient cette ligne de but, en se plaçant à une distance de 6 mètres du poteau le plus rapproché ; mais, si le ballon a été envoyé derrière la ligne de but par un des joueurs du camp auquel appartient ce but, un des joueurs du camp opposé le remettra en jeu en le renvoyant (*par un coup franc*), en se plaçant à 1 mètre du drapeau du coin le plus rapproché. Dans les deux cas, aucun joueur ne pourra s'approcher du ballon à plus de 6 mètres tant que le ballon n'aura pas été joué.

ART. 8. — *En place.* — Quand le coup d'envoi est donné, ou que le ballon étant en touche est remis en jeu, tout joueur qui se trouve entre le ballon et le but de l'adversaire est hors de jeu ; il ne peut alors ni jouer le ballon, ni empêcher un autre joueur de le jouer, jusqu'à ce que le ballon ait été joué par un joueur du camp adverse.

ART. 9. — *Infractions.* — Il est expressément défendu de porter le ballon, de le frapper ou de le toucher avec les mains tant qu'il est en jeu ; seul, le gardien du but est autorisé, pour défendre son but, à faire usage de ses mains, soit pour arrêter ou frapper le ballon ou le jeter, mais il ne pourra le porter. Le gardien du but peut être changé pendant la durée de la partie. La présence à la fois de deux joueurs pour défendre le but est interdite et aucun joueur ne pourra prendre sa place et remplir ces fonctions pendant que le gardien du but désigné a quitté son poste.

ART. 10. — Il est expressément défendu de donner des coups de pied ou des crocs-en-jambe à ses adversaires, ou de les saisir pour les arrêter, ou de les pousser.

ART. 11. — Il est défendu de porter des clous à ses souliers, des plaques de fer ou de gutta-percha sur la semelle ou aux talons.

ART. 12. — En cas d'infraction aux articles 6, 8, 9 et 10, le camp opposé à celui du joueur qui s'est rendu coupable de l'infraction aura le droit d'envoyer le ballon par un coup franc de l'endroit où l'infraction aura été commise.

ART. 13. — *Arbitres.* — Chaque camp (dans les matchs régulièrement organisés) doit nommer un arbitre auquel appel est fait en cas d'infraction. Pendant l'appel le ballon reste en jeu jusqu'à ce que la décision ait été donnée.

Incorrectes et insuffisantes, ces règles n'eurent guère de succès dans la population des écoles et peut-être contribuèrent-elles, pour leur bonne part, en rebutant les élèves par leur aridité, à retarder le triomphe définitif du jeu de ballon. Toujours est-il qu'on les pratiqua peu ou point en 1889 et 1890. Pour leur rendre la vie, il fallut qu'un professeur du lycée Buffon, M. Heywood, se mit en tête de les reviser et surtout de former personnellement une équipe de football parmi ses élèves. C'est ce qu'il fit au cours de 1890, sur une pelouse du Bois de Boulogne voisine de celle de la Ligue. Grâce à ce concours dévoué et à celui de plusieurs anciens élèves de M. Cadiot, notamment de MM. Saint-Chaffray, l'Union des sports athlétiques put enfin ouvrir son premier concours interscolaire de ballon.

A cet effet, elle avait dû remodeler absolument, comme suit, le texte de sa règle :

RUGBY

Article premier. — *Terrain.* — Les dimensions du terrain ne doivent pas dépasser 100 mètres de longueur, d'un but à l'autre, sur 70 mètres de largeur.

Art. 2. — *Buts.* — Les buts sont formés chacun par deux poteaux, hauts de 4^m,50, plantés à 5^m,50 l'un de l'autre et reliés à 3 mètres du sol par une barre transversale.

Art. 3. — *Équipes ou camps.* — La partie se joue entre deux équipes composées chacune de quinze joueurs, à moins qu'il n'ait été stipulé autrement.

Art. 4. — *Choix des buts.* — Les capitaines des deux buts tirent à pile ou face au commencement de la partie. Le gagnant a le choix du côté ou du coup d'envoi.

Art. 5. — *Durée de la partie.* — La durée de la partie est fixée à l'avance. A la mi-temps les équipes changent de côté et la partie reprend après un repos de cinq minutes.

La partie ne peut être arrêtée, ni le signal donné pour le repos de la mi-temps, tant que le ballon est en jeu.

Art. 6. — *Pointage.* — La partie se décide à la majorité des points :

1° Le gain d'un but (*art. 7*) vaut deux points;

2° Le gain d'un essai (*art. 14*) vaut un point;

3º Un « tenu » (*art. 17*) derrière la ligne de but donne un point aux assaillants.

ART. 7. — *Gain d'un but.* — Pour gagner un but, il faut envoyer le ballon directement du terrain de jeu par-dessus la barre transversale du but ennemi, que le ballon en passant touche ou non cette barre ou l'un des poteaux.

Mais le but n'est pas acquis si le ballon touche un des joueurs avant de franchir la barre, ou s'il passe au-dessus de l'un ou l'autre poteau.

Un but ne peut être gagné ni par un coup de volée, ni par un coup d'envoi (*art. 8*).

ART. 8. — *Coup d'envoi.* — Le ballon est mis en jeu au commencement de la partie par un coup placé du centre du terrain.

Il est remis en jeu de la manière suivante :

1° A la mi-temps, par le camp opposé à celui qui l'a mis en jeu au début de la partie ;

2º Après le gain d'un but par le camp qui a perdu ce but. Si le coup d'envoi fait tomber le ballon en dehors de la ligne de touche, le camp opposé a le droit de réclamer un nouveau coup d'envoi.

ART. 9.   *Position des joueurs avant le coup d'envoi.*   Tant que le coup d'envoi n'aura pas été donné, les joueurs de l'équipe qui le donne ne dépasseront pas le milieu du terrain dans la direction du but ennemi.

En cas d'infraction et sur la réclamation des adversaires, une mêlée sera formée au centre du terrain.

Les joueurs du camp opposé se tiendront à 10 mètres au moins du milieu du terrain, dans la direction de leur but, tant que le ballon est à terre.

En cas d'infraction le juge arbitre fera recommencer le coup d'envoi.

ART. 10. — *En touche.* — Le ballon est en touche :

a. S'il franchit la ligne de touche ou s'il vient frapper un des drapeaux de touche ;

b. Si le joueur qui le porte dépasse, même d'un pied, la ligne de touche.

Il est remis en jeu, du point où il est sorti du terrain :

a. S'il a été envoyé en touche, par un joueur du camp opposé à celui qui l'y a envoyé ;

b. S'il a été porté en touche, par un joueur du même camp que celui qui l'y a porté.

Dans l'un ou dans l'autre cas, le joueur qui remet le ballon en jeu pourra, aussitôt qu'il le jugera utile :

I. Faire rebondir le ballon devant lui dans le terrain de jeu, le saisir et courir avec, le frapper avec le pied ou le passer à un des joueurs de son camp;

II. Ou bien le lancer dans le terrain de jeu à angle droit de la ligne de touche;

III. Ou bien encore apporter le ballon dans le terrain de jeu à angle droit de la ligne de touche et le mettre à terre à une distance de cinq pas au moins et de quinze pas au plus de la ligne de touche après avoir annoncé au préalable jusqu'à quelle distance il compte s'avancer; une mêlée se forme au point désigné.

Pendant ce temps, les avants des deux camps forment la haie, se faisant face les uns les autres.

Si le ballon n'est pas remis en jeu, ainsi qu'il est prescrit ci-dessus (I, II, III), le camp opposé aura le droit de le prendre pour le remettre en jeu comme il est stipulé au paragraphe III.

Art. 11. — *En touche du but.* — Si le ballon franchit une des lignes de touche du but ou s'il touche un des drapeaux de touche du but, ou bien encore si le joueur qui le porte franchit même d'un pied la ligne de touche du but, le ballon est mort. Il est remis en jeu par un coup tombé, donné par un joueur du camp auquel appartient le but, d'un point situé à 22 mètres au plus de la ligne de but.

Si le ballon ainsi envoyé tombe en dehors de la ligne de touche, le camp opposé a le droit de réclamer un nouveau coup.

Art. 12. — *Position des joueurs.* — Les joueurs du camp qui remet le ballon en jeu doivent se tenir derrière le joueur qui envoie le ballon.

Si le ballon n'est pas remis en jeu, comme il est prescrit ci-dessus (c'est-à-dire par un coup tombé, donné à moins de 22 mètres du but), les adversaires pourront, à leur choix, faire recommencer le coup ou réclamer une mêlée à 22 mètres de la ligne de but et à égale distance des deux lignes de touche.

Les adversaires du joueur qui remet le ballon en jeu ne devront en rien gêner ce joueur avant qu'il soit à 22 mètres de la ligne de but.

En cas d'infraction, l'autre camp pourra réclamer un coup d'envoi (*art. 8*).

Art. 13. — *Ligne de but.* — Tout joueur a le droit, pour défendre son but, de faire toucher le ballon derrière sa ligne de but si le ballon y a été envoyé par un adversaire. Dans ce cas, le ballon est mort et sera remis en jeu par un 22 mètres, comme il est prescrit à l'article 11.

Mais il est interdit d'envoyer, de lancer ou de poser le ballon derrière sa propre ligne de but et de l'y faire toucher.

N. B. — L'article 18 prévoit le cas où, dans une mêlée, le ballon franchirait la ligne de but : un des joueurs du camp auquel appartient ce but peut alors faire toucher le ballon.

En cas d'infraction, les adversaires auront le droit de réclamer une mêlée (*art. 18*) au point où était le ballon avant que l'infraction fût commise. Il en sera de même si le ballon venait à entrer en touche du but ou à toucher un des arbitres derrière la ligne de but.

N. B. — L'article 22 prévoit le cas où le joueur ayant droit à un coup franc se retire, pour donner ce coup, derrière sa propre ligne de but.

Art. 14. — *Gain d'un essai.* — Quand un joueur réussit à faire toucher le ballon sur ou derrière la ligne de but du camp opposé, il gagne un essai pour son compte.

Art. 15. — *Coup d'essai.* — Quand un joueur a gagné un essai, un des joueurs de son camp prendra le ballon au point où il a touché terre et, suivant une direction parallèle aux lignes de touche, il l'apportera dans le terrain de jeu à telle distance qu'il le jugera utile. Là, il se tiendra prêt à poser le ballon à terre pour le coup d'essai que donnera un autre joueur de son camp.

Le coup d'essai se donnera toujours par un coup placé, faute de quoi il ne peut y avoir de but gagné.

En cas d'infraction, le ballon est mort et sera mis en jeu par un 22 mètres ainsi qu'il est prescrit à l'article 11. Si le coup d'essai donne suite au gain d'un but, le ballon est remis en jeu par un coup d'envoi (*art. 8*) : sinon il est mort et sera remis en jeu par un 22 mètres, ainsi qu'il est prescrit à l'article 11.

Art. 16. — *Position des joueurs pendant le coup d'essai.* — Les joueurs du camp qui donne le coup d'essai, à la seule exception de celui qui se dispose à placer le ballon, devront se retirer derrière le ballon.

En cas d'infraction et sur la réclamation des adversaires, le droit au coup d'essai sera perdu : le ballon est mort et sera remis en jeu par un 22 mètres, comme il est stipulé à l'article 11.

Les défenseurs du but menacé se tiendront derrière la ligne de but, ayant toutefois le droit d'avancer un pied dans le terrain de jeu. Ils pourront charger aussitôt que le ballon aura touché terre, qu'il soit placé pour le coup d'essai ou non. En cas d'infraction, c'est-à-dire s'ils chargent trop tôt, leurs adversaires pourront, tant que le coup d'essai n'aura pas été donné, les faire reculer de nouveau derrière leur but, et le droit de charger est perdu.

ART. 17. — *Tenu.* — Si un joueur en possession du ballon laisse saisir celui-ci par un adversaire, il devra immédiatement crier : « Tenu! » et mettre aussitôt le ballon à terre. Le ballon est mort (*art. 19*) et sera remis en jeu avec le pied. Si un nombre suffisant de joueurs se trouve à portée, il se forme une mêlée (*art. 18*).

En cas d'infraction, les adversaires auront le droit de réclamer un

Football. — Tenu.

coup franc (*art. 21*) du point où le ballon devrait être mis à terre. Après un tenu derrière la ligne de but, le ballon est remis en jeu par un 22 mètres, comme il est prescrit à l'article 11.

ART. 18. — *Mêlée.* — Il y a mêlée lorsque, le ballon étant mis à terre ainsi qu'il est indiqué à l'article précédent, un certain nombre d'avants des deux camps serrent les rangs, chaque camp conservant son côté, et s'efforcent de repousser leurs adversaires et d'entraîner le ballon vers le but ennemi.

N. B. — Il y a ainsi deux genres de mêlées : la mêlée ouverte et la mêlée fermée. La première se produit lorsqu'il y a « tenu »; le ballon est aussitôt mis à terre, et les joueurs, se trouvant à portée, le remettront en jeu. La mêlée fermée se produit lorsqu'il y a infraction : il est convenu alors d'attendre quelques instants afin de permettre aux avants de former le cercle; celui-ci formé, un demi-arrière met le ballon dans la mêlée.

Il est interdit de saisir le ballon ou de le toucher avec la main tant qu'il n'est pas sorti de la mêlée. Toute infraction à cette règle donne aux adversaires le droit de réclamer un coup franc (*art. 22*).

La mêlée prend fin également si le ballon franchit la ligne de touche (*art. 10*) ou la ligne de but. Dans ce dernier cas il est permis de mettre aussitôt la main sur le ballon pour le faire toucher (*art. 13*).

Art. 19. — *Ballon mort.* — Il est permis à tout joueur de saisir le ballon et de courir avec tant que le ballon roule ou bondit en dedans des limites du terrain, sauf pendant une mêlée (*art. 17 et 18*).

Mais le ballon est mort, lorsqu'il repose immobile sur le sol en dedans des limites du terrain : il est alors interdit de le saisir sans l'avoir d'abord remis en mouvement avec le pied. En cas d'infraction et sur la réclamation des adversaires, une mêlée sera formée au point où le ballon a été arrêté.

Le ballon est également mort s'il touche un des arbitres ; une mêlée est alors formée au point où se trouvait l'arbitre.

Art. 20. — *Défense de jeter le ballon en avant.* — Tout joueur en possession du ballon peut le jeter du côté de son propre but, ou le passer en avant à un autre joueur de son camp qui se trouve derrière lui ou sur la même ligne.

Mais il est interdit de frapper le ballon avec la main, de le lancer ou de le passer en avant, c'est-à-dire dans la direction du but ennemi.

En cas d'infraction et sur la réclamation des adversaires, une mêlée (*art. 18*) sera formée au point où l'infraction a été commise, à moins toutefois qu'un adversaire n'attrape le ballon de volée (*art. 21*), auquel cas il aura droit de réclamer un coup franc (*art. 22*) comme s'il n'avait pas été commis une faute.

Art. 21. — *Arrêt de volée.* — Quand un joueur attrape le ballon de volée et que celui-ci a été envoyé ou lancé par un joueur du camp opposé, il fera aussitôt une marque avec son talon, et il aura le droit de remettre le ballon en jeu par un coup franc (*art. 22*), d'un point quelconque en arrière de la marque et à égale distance de la ligne de touche.

Le ballon attrapé de volée, lorsqu'il est lancé de la ligne de touche (*art. 10*), ne constitue pas un arrêt de volée.

Art. 22. — *Coup franc.* — Quand un joueur a obtenu un coup franc par un arrêt de volée, il devra, ou bien remettre lui-même le ballon en jeu dans la direction du camp opposé, par un coup tombé ou par un coup de volée, ou bien le placer pour un autre joueur de son camp (comme pour le coup d'essai). Il aura soin de ne permettre à aucun joueur de son camp de toucher le ballon.

En cas d'infraction, les adversaires auront le droit de charger aussitôt, et la poursuite continue.

Si, pour donner le coup franc, le joueur se retire derrière sa propre ligne de but, il ne devra pas faire toucher le ballon, mais le renvoyer du pied dans le terrain, sous peine d'avoir à recommencer le coup.

Football. — Arrêt de volée.

Art. 23. — *Position des joueurs.* — Tant que le ballon n'a pas été envoyé, les joueurs du camp qui a droit au coup franc doivent se tenir derrière le ballon.

En cas d'infraction et sur la réclamation des adversaires, une mêlée sera formée au point où le joueur a fait sa marque.

Les joueurs du camp opposé ne pourront dépasser cette marque ; mais ils ont le droit de charger d'un point quelconque à égale distance de la ligne de but :

a. S'il s'agit d'un coup placé, aussitôt que le ballon touche terre ;

b. Si le joueur se dispose à donner un coup tombé ou un coup de volée, aussitôt qu'il prend son élan ou fait mine de frapper le ballon du pied. Toutefois, dans ce dernier cas (*b*), tant que le joueur n'a pas lâché le ballon, il peut toujours s'arrêter et ses adversaires devront se retirer de nouveau derrière la marque.

Si ces adversaires chargent avant que le ballon ait touché terre, ou que le joueur qui se dispose à donner le coup franc ait commencé à prendre son élan, il pourra, tant que le coup n'est pas donné, les faire reculer de nouveau derrière sa marque et le droit de charger est perdu.

ART. 24. — *Coup franc accordé pour une infraction.* — Lorsque le coup franc a été accordé pour une infraction, il sera procédé de la même façon. Les adversaires du joueur qui donne le coup franc ont le droit de s'avancer jusqu'au point où l'infraction a été commise, et de charger dans les mêmes conditions que ci-dessus.

ART. 25. — *Hors jeu.* — Tout joueur est hors jeu :

1° S'il pénètre ou cherche à pénétrer dans une mêlée par le côté de ses adversaires ;

2° Si le ballon a été joué en dernier lieu derrière lui par un joueur de son propre camp.

Les joueurs qui sont hors jeu ne doivent ni toucher le ballon eux-mêmes, ni arrêter ou gêner en rien aucun adversaire avant qu'il ait joué le ballon ou l'ait porté une distance de cinq pas.

Toute infraction à cette règle donne le droit au camp opposé de réclamer, soit (*a*) une mêlée au point où le ballon a été joué en dernier lieu avant l'infraction, soit (*b*) un coup franc au point où l'infraction a été commise.

Un joueur cesse d'être hors jeu :

1° Si le joueur de son camp qui le dernier a joué le ballon derrière lui dépasse dans la direction du but ennemi ;

2° Aussitôt qu'un adversaire a joué le ballon, ou s'il saisit le ballon pour courir avec, dès qu'il l'a porté une distance de cinq pas.

N. B. — Un joueur ne peut jamais être hors jeu derrière sa propre ligne de but.

ART. 26. — *Interdit.* — 1° Il est interdit sous aucun prétexte de saisir ou de retenir un joueur qui n'est pas en possession du ballon ;

2° Il est interdit, sauf dans une mêlée, de gêner en rien un adversaire qui n'est pas en possession du ballon et qui ne cherche pas à s'en rapprocher ;

3° Il est interdit à tout joueur qui ne court pas avec le ballon de repousser son adversaire à bras tendu ;

Toute infraction à ces trois règlements donne aux adversaires le droit de réclamer un coup franc au point où l'infraction a été commise ;

4° Il est interdit de donner volontairement des coups de pied ou des crocs-en-jambe, d'arrêter un joueur en le saisissant par le cou ou au-dessous du genou ;

Toute infraction à ce règlement peut entraîner l'expulsion du joueur après un premier avertissement ;

5° Il est interdit de jouer avec des souliers à clous ou avec des plaques de fer ou de gutta-percha.

DES ARBITRES

ARTICLE PREMIER. — Dans tous les concours il sera désigné deux arbitres et un juge arbitre.

ART. 2. — *Fonctions des arbitres.* — Les arbitres ne peuvent intervenir dans la partie, sauf dans les cas suivants :

1° Pour s'assurer qu'aucun des joueurs ne porte des clous ou des plaques de métal ou de gutta-percha à ses souliers ;

2° Que dans les coups d'envoi les joueurs sont à leur place ;

3° Quand le ballon est en touche ou en touche du but sur la ligne de touche, qu'ils sont chargés de surveiller, ils lèveront leur canne pour attirer l'attention du juge arbitre ;

4° Pendant le coup d'essai, ils se tiendront à chacun des poteaux du but menacé pour s'assurer s'il y a gain d'un but ou non.

ART. 3. — *Fonctions du juge arbitre.* — Le juge arbitre a le devoir d'arrêter la partie par un coup de sifflet dans les cas suivants :

1° A la mi-temps et à la fin de la partie ; mais, dans l'un et l'autre cas, il doit attendre, pour donner le signal, que le ballon cesse d'être en jeu. Si un essai ou un coup franc viennent d'être obtenus, il laissera donner le coup d'essai ou le coup franc, et arrêtera la partie immédiatement après ;

2° S'il s'aperçoit qu'un des joueurs porte des clous ou des plaques de métal ou de gutta-percha à ses souliers ;

Ou s'il s'aperçoit qu'un joueur joue d'une manière brutale ou incorrecte ;

Ou si un joueur tombe à terre pendant la mêlée et qu'il y ait danger à ce que la partie continue ;

Dans l'un et l'autre cas, la partie reprend par une mêlée au point où était le ballon au moment de l'interruption ;

3° Pour confirmer le gain d'un but ;

4° Pour confirmer un tenu ;

5º Pour confirmer un arrêt de volée ;

6º Lorsqu'un des arbitres lève sa canne pour indiquer que le ballon est en touche ou en touche du but ;

7º Sur la réclamation des joueurs après une infraction, s'il juge la réclamation fondée.

Toute réclamation doit être faite en levant la main et aussitôt que l'infraction a été commise.

Il est interdit aux joueurs, sous peine d'exclusion, de discuter les décisions du juge arbitre.

Les joueurs ne doivent tenir aucun compte d'une réclamation faite par leurs adversaires ni s'arrêter de jouer, tant que le juge arbitre n'a pas fait droit à cette réclamation par un coup de sifflet.

Le juge arbitre a le droit, dans le cas d'une infraction, d'accorder un essai, s'il pense que cet essai aurait inévitablement été obtenu si l'infraction n'avait pas été commise ; le coup d'essai se fera alors d'un point quelconque à égale distance de la ligne de touche que le point où l'infraction a été commise.

De même, si le juge arbitre pense qu'un essai obtenu grâce à une infraction ne l'aurait pas été sans cette infraction, l'essai ne sera pas accordé et le ballon sera remis en jeu par un 22 mètres, comme il est stipulé à l'article 11.

Sans être parfaite, tant s'en faut, cette seconde rédaction vaut beaucoup mieux que la précédente et constitue un progrès marqué. On ne doit pas s'étonner de ces tâtonnements inévitables. Toute loi expérimentale, de sa nature, est perfectible. Les règles actuelles des associations anglaises et américaines de ballon, comme toutes les autres, sont le résultat d'une série d'amendements qui a commencé en 1858, avec le fameux Club de Blackheath, pour se continuer de nos jours et plus tard, sans nul doute. Il faut donc s'attendre que la pratique de plus en plus large des jeux de plein air fera introduire des améliorations successives dans les règles françaises. C'est le droit et le devoir de tout joueur d'apporter à ce perfectionnement graduel les résultats de son expérience personnelle et de les soumettre à l'approbation publique.

Faisons remarquer, à ce propos, qu'un des points
faibles de ces règles est le vocabulaire, et que ce vocabulaire peut être aisément amélioré, sans sortir des
termes déjà reçus dans la langue. M. Paschal Grousset, qui a si heureusement retrouvé et mis en circulation (parmi beaucoup d'autres) les mots *coup franc,
mêlée, coup de volée, chassé,* pour rendre *free kick,
scrummage, punt, dribbling,* s'est préoccupé, avec

Football-Association. — Chassé (dribbling).

grande raison, de ne pas laisser droit de cité, dans nos
écoles françaises, à des barbarismes comme joueurs
avants, arrières, demi-arrières, pour *forwards, backs,
half-backs,* etc. Il signale « dans le vocabulaire même
du ballon français les véritables termes qui répondent
à ces expressions anglaises ». Ce sont les suivants :

Forward. . . . . . . Fort (du jeu), ou basse-volée.
Half-back . . . . . . Milieu, ou demi-volée.
Three quarters back. Soutien, ou haute-volée.
Back. . . . . Foncier.

La connaissance approfondie de la règle adoptée
étant la première condition pour devenir un bon joueur

de ballon, le débutant devra commencer par se pénétrer de la lettre et de l'esprit de cette règle. Après
quoi, l'essentiel sera pour lui et pour son équipe d'y
prendre le rôle qui convient le mieux à ses facultés
physiques et morales, en partant de ce principe qu'un
jeu collectif doit toujours être pratiqué non point seulement pour le plaisir personnel qu'on peut y trouver,
mais pour le plaisir général et l'honneur du groupe
auquel on appartient.

ASSOCIATION

Notes pratiques.

Le jeu de l'Association, ou ballon au pied proprement dit, diffère de celui de Rugby : 1° en ce que le
ballon est sphérique au lieu d'être ovoïde; 2° en ce que
la règle de Rugby permet et même encourage l'enlève-
ment du ballon par les mains, tandis que celle de
l'Association autorise seulement les pieds, sauf dans
un cas particulier; 3° en ce que les équipes de Rugby
sont de quinze joueurs chacune, et celles de l'Association de onze seulement. Examinons d'abord le jeu de
l'Association, considéré comme moins rude et plus
élémentaire que l'autre.

Les équipes, on vient de le dire, sont de onze
joueurs. La disposition des forts sur le terrain dépend
du capitaine de chaque équipe; habituellement, il place
ses six *forts* ou *basses-volées* sur son front de bataille,
savoir : deux à l'aile droite, deux à l'aile gauche et
deux au centre; deux autres joueurs prennent le rôle

de *demi-volées* ou *milieux ;* deux autres, celui de *fon-ciers ;* le onzième est à la *garde du but.*

La partie s'ouvre par un coup franc, frappé au milieu du terrain, entre les deux armées. Il s'agit d'envoyer le projectile dans le but adverse, sous la corde ou barre transversale. Jadis on ne pouvait le faire qu'en *chassant* graduellement le ballon, au pied, dans la direction du but opposé : c'était la condition essentielle du jeu de l'Association. Mais, dans les dernières années, l'usage s'est introduit de passer le ballon à la main, sans qu'il soit permis d'ailleurs de l'apporter au but. Cette innovation, introduite par les champions de Sheffield dans leurs premières parties avec ceux de Londres, n'a pas tardé à devenir générale. Le jeu de l'Association s'est ainsi très sensiblement rapproché de celui de Rugby. L'habileté à chasser le ballon par petits coups de pied (*chassés*), afin de l'amener au point voulu et de faire le but, n'en reste pas moins le fin de l'art. C'est la méthode la plus redoutable à l'adversaire, et l'on imaginerait difficilement à quel degré de perfection elle peut être amenée. Mais, pour devenir tout à fait effective, il est bon qu'elle soit appuyée de *passages* opportuns et judicieux, en même temps que bien soutenue par l'arrière-garde.

Notons que par exception, dans le jeu de l'Association, le joueur préposé à la défense du but a le droit de se servir de ses mains pour *arrêter*, *frapper* ou *lancer* le ballon.

L'ÉQUIPE. — D'une manière générale, les onze membres d'une équipe doivent s'attacher à jouer *avec ensemble* et à ne jamais laisser l'intérêt individuel, l'amour-propre ou le désir de briller se substituer à l'intérêt commun. Non seulement chaque joueur, quel

que soit son rôle, cherchera à le remplir de son mieux,
mais il devra se subordonner toujours à celui des siens
qui détient le ballon pour lui prêter assistance et, s'il
y a lieu, recueillir le projectile. Seule, cette unité d'action peut conduire à la victoire. Un joueur avisé ne perdra jamais de vue le ballon, tout en surveillant sans
cesse l'ennemi pour voir s'il ne laisse pas quelque
trou dans ses rangs et quelque point faible dans sa
défense. Il s'exercera, sans relâche, à bien chasser le
projectile : rien de curieux et d'amusant comme de le
lui voir conduire parmi les jambes ennemies, le poussant droit ou le détournant selon l'occasion. A cet
effet, l'adresse et le savoir-faire importent encore plus
que la vitesse, et c'est pourquoi le coureur le plus mé-
diocre ne doit jamais désespérer de devenir un bon
joueur de ballon sphérique, quoique, à vrai dire, des
jambes rapides soient partout un avantage sérieux.
Mais le prix de la course ne va pas toujours au plus
vite, à ce qu'assure la Sagesse des nations, et il est in-
contestable que, dans l'art tout spécial du *chasser*, un
œil prompt, un jugement sûr, un esprit rompu au cal-
cul des chances valent mieux que tout.

Les forts ou basses-volées. — Les qualités requises
d'un fort ou basse-volée[1] diffèrent selon qu'il est
placé au centre ou sur les ailes. La première de toutes,
dans le second cas, est d'être rapide à la course et
prompt à saisir l'occasion. Sa fonction est alors de
partir comme une flèche, aussitôt qu'il s'est emparé du
ballon, et de le *passer* sans retard quand il se voit sur
le point d'être arrêté ou se trouve trop près de la ligne

1. On dit *un* basse-volée, *un* demi-volée, *un* haute-volée, comme on dit
un garde française.

du but adverse. Un capitaine habile ne manquera pas de placer à l'aile droite les joueurs qui savent se servir le plus adroitement de leur pied droit, et à l'aile gauche ceux qui se servent de préférence du pied gauche.

Pour les fonctions de basse-volée du centre, les qualités les plus hautes d'excellence ne seront pas de trop, sans oublier le *poids*, qui peut avoir une très

Football-Association. — Basse-volée (forward).

grande importance, à la condition, bien entendu, d'être un poids utile, associé à la vigueur et au jugement, et non pas un poids mort. Le sang-froid est également une qualité indispensable. Enfin, il faut que le joueur placé à ce poste d'honneur soit sûr de son coup et ne manque jamais le but, à distance raisonnable. Il est essentiel aussi qu'il connaisse à fond l'art de maintenir toujours le ballon le plus près possible des poteaux.

Un basse-volée évitera toujours, autant que faire

se peut, de laisser porter la lutte sur les bords du terrain, car elle ne peut guère avoir de résultats qu'au milieu. Il est, en effet, singulièrement malaisé et rare d'arriver à faire un but par un coup porté d'un coin du terrain, et il est autrement facile pour le parti opposé de défendre son but quand les assaillants le négligent que si le combat se déroule au centre du terrain et en face des poteaux.

C'est pourquoi les basses-volées s'efforceront toujours de rester à bonne distance des bords, et de maintenir le jeu sur la grande route des buts : il y aura toujours ainsi beaucoup plus de chances d'y arriver qu'en heurtant une série de pointes et de coups sur les lignes de côté.

Mais, par-dessus tout, il faut savoir donner vivement le coup de pied, aussitôt que la moindre chance se présente d'envoyer le ballon au but. On ne saurait croire combien de points se perdent faute d'avoir été pris à temps.

Les milieux ou demi-volées et les fonciers. — Presque toujours, deux joueurs de chaque camp sont attribués à chacune de ces fonctions; mais le capitaine, s'il le juge à propos, peut fort bien désigner trois milieux et un seul foncier.

C'est sur les milieux ou demi-volées que pèse surtout le poids de la défense; aussi faut-il les choisir parmi les membres les plus actifs et les plus éveillés de l'équipe. Ils doivent savoir bien frapper le ballon, comment qu'il se présente, et se servir de leur jugement aussi bien que de leurs pieds; il leur faut de la décision, l'art des feintes et celui de toujours détourner à point le projectile. Un milieu saura se refuser le plaisir d'exécuter un chassé, à moins que ce ne soit absolument indispensable, et ne s'occupera que d'envoyer le ballon à celui des forts de son camp qui lui paraît le mieux placé. Comme les basses-volées des deux ailes, il choisira la droite ou la gauche, selon ses aptitudes propres, et ne perdra jamais une occasion d'être utile aux fonciers en se plaçant sur la route de l'adversaire, même s'il n'y a pas d'espoir d'arriver à se saisir du ballon.

Une autre spécialité du milieu sera celle du coup de coin, qui peut souvent grossir fort à propos le total de son équipe et qu'il n'est guère possible de confier aux forts, vu la nécessité de les maintenir à portée du but adverse, pour le cas où le ballon leur arrive.

Football-Association. — Les fonciers (backs).

Les fonciers seront naturellement les plus robustes joueurs de l'arrière-garde. Il importe que leur coup de pied ait une grande puissance et qu'ils soient capables d'arrêter l'adversaire de vive force, s'il n'y a pas d'autre tactique possible.

Le garde-but. — C'est en quelque sorte le porte-drapeau de l'équipe. Sur lui repose souvent le sort de la partie. Combien de combats bien engagés ont été perdus par la faute du joueur préposé à la défense suprême des poteaux ! La première des qualités chez lui sera la fidélité à son poste ; jamais il ne doit l'abandonner pour s'avancer sur le terrain, — sauf dans un de ces cas tout à fait exceptionnels où l'occasion qui s'offre à lui justifie absolument une déviation de la règle. On a dit plus haut qu'il a, seul de tous les joueurs, le droit de se servir de ses mains comme de ses pieds pour arrêter, frapper ou lancer le ballon. A peine est-il besoin d'ajouter qu'il devra user de ce droit dans toute son étendue et ne jamais recourir au coup de pied quand l'usage des mains est manifestement plus sûr ou plus avantageux.

RUGBY

Notes pratiques.

Dans le jeu de Rugby, qui comporte des équipes de quinze joueurs, la répartition du camp est habituellement la suivante : neuf forts (ou basses-volées) ; deux milieux (ou demi-volées) ; deux *soutiens* (ou *hautes-volées*) et deux fonciers. Certains capitaines préfèrent néanmoins placer dix forts à l'avant-garde et n'avoir qu'un seul soutien ou un seul foncier.

Les forts ou basses-volées. — C'est sur eux que repose le poids de la bataille. Le grand art, pour les basses-volées, est de marcher d'accord, avec un ensemble parfait, et de *jouer systématiquement un jeu déterminé.* En d'autres termes, leur tactique variera selon les caractères physiques et les aptitudes de la majorité. Cette majorité est-elle lourde et lente, elle aura avantage à garder le plus longtemps possible le ballon dans la mêlée, de manière à tirer parti de sa vigueur et de son poids. Au contraire, est-elle légère et rapide, son intérêt sera de jouer en ordre dispersé et, toutes les fois que l'occasion se présentera, de se livrer à des chassés. Enfin, si cette majorité excelle surtout à passer le ballon, elle s'efforcera naturellement de le ramasser aussitôt que possible, afin de profiter sans retard de sa ressource de prédilection. Quel que soit le plan adopté, l'essentiel est qu'il soit unanimement suivi. L'expérience a souvent montré que les meilleurs basses-volées, s'ils suivent chacun leur préférence, n'arrivent qu'à se faire battre.

On objectera qu'un bon joueur d'avant-garde devrait tendre à exceller en tout, unir la force à la légèreté, briller dans la mêlée comme à la course, chasser le ballon dans la perfection et n'avoir pas son pareil pour arrêter un adversaire. Et, en effet, tel est bien l'idéal; malheureusement cet idéal est rarement atteint. Si d'aventure il l'était, ce serait par un unique champion, qui apportera sans doute une valeur importante à son équipe, mais ne suffira jamais à tout faire et à tenir le rôle de quinze hommes. Une moyenne de bons joueurs ayant chacun leur aptitude propre et sachant s'entendre sur une tactique définie sera singulièrement plus effective. Le grand défaut des virtuoses est trop souvent de se réserver, de viser à se tailler un rôle personnel, — notamment en évitant de prendre part aux mêlées pour chercher à saisir le ballon quand il en sort, ce qui est proprement l'affaire des demi-volées ou milieux et non point celle des forts du jeu. On comprend les graves inconvénients que peut entraîner une telle manière d'agir et comme il importe de ne pas la laisser dégénérer en habitude. C'est par le manque de discipline que les parties de ballon où figurent seulement des débutants aboutissent si souvent à des zéros au tableau des points. Chacun tirant de son côté, la défense est trop facile, et de part ni d'autre on n'arrive à rien.

D'une manière générale, les forts du jeu ou basses-volées devront surtout avoir égard, dans la mêlée, à la partie du terrain où elle s'engage. Est-elle voisine de la ligne du but adverse, ce serait presque toujours une grande erreur de croire qu'ils ont intérêt à la pousser plus près encore, dans l'espoir qu'un des leurs sera le premier à mettre le ballon en touche. Outre que des discussions fréquentes s'élèvent dans ce cas, c'est faire trop de fond sur le hasard. Il est bien plus prudent et plus sûr de chercher au contraire à éloigner le ballon de la ligne du but adverse et d'offrir ainsi aux demi- et hautes-volées une chance de le saisir, voire même de faire un but. Par contre, les forts du jeu s'efforceront toujours, si la mêlée est voisine de leur ligne du but, d'y retenir le ballon le plus longtemps possible. Ce ne sera pas trop de toute leur force réunie, dans cette position critique, et jamais la discipline, l'harmonie de conscience ne seront plus indispensables pour parer à ce danger pressant.

Les milieux ou demi-volées doivent être vigoureux, alertes, vites et prompts à l'action. De l'adresse et de la rapidité avec laquelle ils savent ramasser le

ballon pour l'emporter en courant dépend souvent le
sort de la partie. Il faut donc qu'ils n'aient pas un
gramme de poids superflu, qu'ils suivent tous les
mouvements du ballon et ne le perdent jamais de vue
dans la mêlée. D'autre part il importe qu'ils sachent
arrêter un coureur dangereux pour leur équipe et qu'ils

Football. — Le garde-but et les milieux (half-backs).

aient toujours l'œil sur les milieux du camp opposé,
pour les empêcher de s'emparer du ballon et de le
glisser au but.

Les soutiens ou hautes-volées doivent avant tout être
prompts à ramasser le ballon et à l'emporter. Ils seront
toujours disposés à appuyer les milieux et pourront
sans inconvénient courir assez loin de leur poste, par
la raison que, en cas d'arrêt, le passage du ballon sera
presque toujours aisé, les milieux étant tout près.

Les fonciers ont surtout besoin de force, d'agilité
et de jugement. Ils doivent exceller dans le coup tombé

et être en mesure d'envoyer le ballon aussi loin que possible, avec justesse et précision. Jamais un foncier ne doit hésiter ou s'arrêter pour prendre parti. Jamais il ne frappera du pied le ballon qui roule vers lui ; plutôt que de le ramasser, il tombera dessus de tout son poids. Mais, s'il le tient une fois, il l'emportera au plus tôt aussi loin que possible et tâchera d'exécuter le plus beau coup tombé dont il soit capable. Se trouve-t-il près de sa ligne du but, il n'oubliera point de mettre le ballon en touche. Sa course le porte-t-elle au contraire vers le but adverse, il s'efforcera d'envoyer le ballon aussi près de ce but qu'il le pourra.

En bonne règle, le foncier arrêté par un adversaire cherchera toujours à mettre le ballon à terre plutôt qu'à le passer.

Complétons ces conseils pratiques par la description suivante d'une partie classique, due à M. Guillemard, l'homme le plus compétent selon toute apparence qu'il y ait dans toute l'Europe en matière de ballon au pied :

« Au début de la partie, on tire à pile ou face pour le choix du côté. Si ce choix est sans importance, comme il arrive fréquemment par un temps gris et sans vent, le gagnant peut se réserver le coup d'envoi en laissant l'option du but à son adversaire.

« Le coup d'envoi est toujours un coup placé qui s'exécute au milieu du terrain, le ballon debout dans un petit creux ; l'équipe adverse doit se tenir à 10 mètres du ballon, tant qu'il est à terre ; s'il tombe en dehors de la ligne de touche, elle peut réclamer que le coup soit recommencé.

« Les deux camps à leurs postes, le coup est donné et le ballon envoyé haut en l'air, pour donner le temps à l'équipe de se rapprocher le plus possible des fon-

ciers adverses, avant que l'un d'eux ait saisi le projectile et ait pu, soit exécuter un coup tombé, soit se
jeter vers la ligne de touche et ainsi mettre fin à cette
dangereuse proximité du but. Mais il a l'œil ouvert
aussi, ce foncier, et il renvoie le ballon, par-dessus la
tête de ses adversaires, à l'un de leurs demi-volées,
qui se voit aussitôt appréhendé par trois ou quatre
vigoureux gaillards et jeté à terre, avant d'avoir pu
seulement prendre son élan. Les forts de chaque côté
accourent; la mêlée s'engage, chaque camp faisant face
au but adverse, épaule contre épaule, jambe contre
jambe, tous poussant de leur mieux et formant une
masse compacte au-dessus du ballon. Cette mêlée
commence aussitôt que le ballon a touché le sol et
qu'on a crié : «A terre!» Chaque lutteur s'efforce naturellement de pousser le projectile derrière ses adversaires, en lui frayant un passage au milieu de leurs
jambes. Le ballon finit par sortir de la mêlée, parfois
directement envoyé d'un coup de pied aux mains d'un
alerte demi-volée, qui contourne prestement la mêlée
et trompe la surveillance de ses congénères de l'autre
camp, avant que les forts aient pu se dégager de la
bagarre. Mais il lui faudra de la chance pour aller loin :
un soutien adverse est déjà sur lui, l'empoigne par la
taille et lui enlève tout espoir de passer le ballon :
force lui est donc de crier : « A bas! »

« Le ballon est immédiatement remis à terre et une
nouvelle mêlée s'engage, cette fois plus près de la
ligne de touche. Aussi le projectile, en sortant par le
côté, s'échappe-t-il par-dessus cette ligne et devient-il
prisonnier du camp opposé à celui qui l'a tenu le dernier en jeu, à moins toutefois que, arrêté par un
joueur, il n'ait été directement mis en touche par lui,

auquel cas c'est ce même joueur qui le remet en jeu, comme suit : les forts des deux camps se placent sur deux rangs, face à face, perpendiculairement à la ligne de touche, et le ballon est lancé entre ces deux rangs du point même où il a franchi la ligne. Au lieu de le lancer, le joueur qui le détient peut encore le faire rebondir dans le champ de jeu et s'enfuir en l'emportant, ou le frapper du pied, ou le passer à quelqu'un de son parti; ou il peut encore l'apporter à 5 mètres au moins et 15 mètres au plus en dedans de la ligne de touche et le déposer à terre.

« Si le ballon n'est pas lancé droit, le camp opposé peut demander aussitôt à s'en saisir pour le remettre en jeu. S'il est pris de volée, le joueur qui l'a arrêté a le droit de l'emporter en courant; mais, en général, il y a près de lui trop de bras empressés de le ceinturer pour qu'il puisse faire autre chose que de crier : « A bas! »

« Nouvelle mêlée. Cette fois, le ballon en sort droit au but. Un alerte demi-volée le guettait et l'a déjà sous le bras. Le voici qui profite de l'occasion et court de son mieux pour franchir les quarante mètres qui le séparent de la ligne du but. Une feinte adroite lui permet d'échapper à celui de ses adversaires qui le serre de plus près : il arrive, il met triomphalement le ballon en touche entre les poteaux ennemis...

« De ces heureuses prémisses, un « but » devrait habituellement être la conclusion. Mais, par malheur, le coup placé qui en résulte n'est pas toujours aussi juste qu'il le faudrait, et l'on peut s'étonner que les joueurs ne s'y exercent pas avec plus de soin. Combien de parties restent indécises qui auraient été gagnées par l'un des deux camps, s'il avait eu dans son équipe un joueur habile au coup placé! C'est par cette négligence singulière d'un élément si essentiel du jeu que l'habitude s'est introduite d'attribuer la victoire au plus grand nombre d'*essais,* alors qu'en bonne règle un essai ne devrait être que le droit d'achever un point.

« L'essai a lieu quand un joueur a mis le ballon en touche sur la ligne du but adverse ou en arrière de cette ligne. Voici comment on procède alors. Le capitaine du côté qui a gagné l'essai désigne un de ses hommes pour tenir le ballon et un autre pour donner

Football. — Coup placé.

le coup. Le premier marque au talon l'endroit de la ligne du but où tombe la perpendiculaire du point de touche et, partant de cette marque pour marcher parallèlement aux lignes de touche, il apporte le ballon dans le terrain de jeu, à telle distance qu'il juge convenable pour le coup placé. Au point où il s'arrête, il prépare un petit creux pour le ballon et, au niveau de ce creux, les forts de son camp se rangent en ligne devant la ligne du but ennemi; leurs adversaires sont derrière cette ligne, rangés de même et surveillant tous les mouvements du placeur. Celui-ci, un genou en terre, tient le ballon à quelques centimètres du sol, prêt à l'y poser sur un signe du frappeur. Aussitôt qu'il l'a placé dans le creux, le camp opposé a le droit de charger le frappeur ou de toucher le ballon en route vers le but, auquel cas il n'y a pas de point marqué, même si le projectile franchit correctement la barre. De même encore, si un joueur du camp d'attaque touche le ballon après qu'il est aux mains du placeur, les autres ont le droit de charger sans délai.

« Un but a-t-il été gagné, les camps changent de côté pour tenter la chance dans une nouvelle position, et le côté perdant donne le coup d'envoi au milieu du terrain, comme au début de la partie. Si l'essai n'a pas réussi, les défenseurs ont le droit d'emporter le ballon en courant, s'ils le peuvent; mais, le plus souvent, ils sont si bien cernés par les assaillants qu'ils se voient contraints de le mettre à terre : dans ce cas, les assaillants s'écartent et un joueur du côté qui détient le ballon le remet en jeu par un coup tombé, en un point qui ne doit pas être à plus de 22 mètres de la ligne du but. Si le ballon ainsi frappé va en touche ou sort du terrain, le parti opposé peut réclamer que le coup soit recommencé.

« Quand un joueur emportant le ballon est pris par un ou plusieurs de ses adversaires en dehors de la ligne du but, ou quand il est poussé par la mêlée au delà de cette ligne, ceux-là seuls qui touchent le ballon de leurs mains, au moment où il passe la ligne, peuvent rester dans le groupe des lutteurs. Quand un joueur a lâché la prise qu'il avait sur le ballon, il ne peut plus prendre part à la lutte et ses adversaires ont le droit de l'en écarter de vive force. D'autre part, quand celui qui emporte le ballon est pris en dedans de la ligne du but, le joueur qui le prend le premier ou les deux joueurs qui l'attaquent simultanément ont seuls le droit d'entrer en lutte avec lui.

« Quand un essai est obtenu à une trop grande distance des poteaux pour qu'un coup placé ait chance de réussir, on peut recourir au coup de volée. En ce cas, un joueur, apportant le ballon à la ligne de touche et y faisant sa marque, l'envoie, en le frappant avant qu'il ait touché terre, à ceux de son camp rangés devant leur but pour l'attraper. Celui qui l'a saisi peut alors, soit faire sa marque et y placer le ballon qu'un autre de son parti vient frapper, soit exécuter personnellement un coup tombé, ou tenter de l'apporter au but, ou enfin continuer le jeu comme il le préfère. Les défenseurs doivent se tenir derrière la ligne du but jusqu'à ce que le coup de volée ait été donné, et ils ne peuvent, en aucune façon, gêner celui qui le donne.

« De toutes les règles du ballon au pied, la plus importante, sans contredit, est celle qui interdit à tout joueur de se placer entre le ballon et le but visé par son camp. Il n'en est pas de plus nécessaire et de plus conforme à l'esprit du jeu. Et pourtant c'est celle qu'on voit le plus souvent violer. On ne saurait trop recommander aux capitaines de tenir la main à ce qu'elle soit strictement observée. »

LA SOULE EN BRETAGNE

En Ille-et-Vilaine, notamment dans l'arrondissement de Redon, le jeu de soule était encore en usage il y a une cinquantaine d'années. Au siècle dernier, quelques communes des environs de Vitré le pratiquaient ainsi que l'atteste la relation suivante[1] :

LA SOULE

Au dix-huitième siècle, il existait à Saint-Aubin-des-Landes, près de Vitré, un curieux usage féodal. Les seigneurs de Saint-Aubin avaient conservé un droit de soule. Vous ne savez plus peut-être ce qu'est la soule ? Nous autres, nous avons connu encore les émotions du

1. *Courrier breton*, n° du 8 août 1891.

vieux jeu breton. La soule elle-même est un gros ballon en cuir solide et bien rembourré. Les joueurs, une fois partagés en deux camps (Bretons et Anglais, disions-nous au collège), il s'agit, à coups de pied, de main ou de bâton, de mener la soule dans le camp ennemi. Parfois, deux paroisses entraient en lutte, et c'étaient alors des combats épiques, des luttes acharnées : il s'agissait de bien défendre l'honneur de la paroisse. Il y avait sans doute bien des mains ensanglantées, bien des yeux pochés ; malgré tout, j'incline à croire que cela valait bien les amusements de nos jeunes gens d'à présent :

> L'auberge a pris nos grands garçons;
> Les filles sont à leur toilette,

disait naguère un poète rennais en regrettant les jeux de son enfance.

Je me rappelle encore, moi aussi, avec un certain regret, les grandes parties de jeu de soule qui nous réchauffaient les jours d'hiver dans la cour bruyante du collège. Oh! les bonnes courses après la soule, aux bonds désordonnés! Les bons coups donnés ou reçus! Il est vrai que parfois les engelures de nos mains saignaient un peu, que les pieds étaient écrasés dans la mêlée! Mais bah! Quelles bonnes couleurs sur les joues, et quels éclairs de plaisir dans les yeux, quand enfin, après une lutte acharnée, la soule était introduite dans le camp ennemi. Hourra! Victoire aux Bretons! L'étude qui suivait n'en était que meilleure et l'on commençait avec la même ardeur à piocher un discours latin ou un thème grec. Bon! voilà que je m'égare!

Donc, au dix-huitième siècle, les seigneurs Picquet

de Montreuil du Bois-Bide avaient droit de soule, à
Saint-Aubin ; et c'étaient les derniers mariés de l'année
qui devaient offrir la soule au seigneur le jour de
Noël. La redevance, vous voyez, n'était pas ruineuse.
Puis, après vêpres, le jeu de la soule se livrait dans un
pré tout voisin du bourg, qui en a gardé le nom ; on
l'appelle encore le pré de la Soule. Or, en 1740, dame
Françoise Onffroy, veuve de Charles Picquet de Montreuil, renonça à son droit de soule, pour éviter, disent
les vieux grimoires, les inconvénients du jeu, tels que
coups, ivrogneries, inimitiés et vengeances. Mais, en
échange, elle voulut que les derniers mariés de l'année
vinssent lui offrir, à son banc seigneurial, le jour de
Noël, au lieu de la soule, « deux cierges de cire blanche
d'honneste grandeur. On les allumait au *Magnificat*,
et aussitôt après on les portait sur le grand-autel où
ils brûlaient durant le reste de l'office. »

Voici comment M. Manet, déjà cité, décrit le jeu de
soule en 1834 : « Ce jeu, dit-il, qu'on nomme dans le
Finistère et le Morbihan mallader ou mollat, et en
Normandie la pelote, l'éteuf, le ballon, la boise, etc.,
etc., était, avant la Révolution, dans plusieurs lieux de
notre Bretagne, un droit féodal en certains jours de
réjouissance. Ce n'est plus aujourd'hui qu'un simple
divertissement. Il se fait avec une boule de cuir remplie
de bourre, de son, de foin, etc., et quelquefois huilée
par dehors pour la rendre encore plus glissante. On
lance ce ballon en l'air, à l'aventure et de toutes ses
forces. Toutes les mains s'ouvrent alors pour le recevoir et, lorsqu'il tombe à terre, c'est à qui l'attrapera
pour le porter à tel ou tel but convenu, ou le loger en
quelque maison, les hommes mariés se le disputant
d'un côté et les garçons de l'autre. Le prix mesquin du

vainqueur consiste communément en un ruban, un bouquet ou un chapeau, outre les acclamations qui pleuvent sur la tête de l'athlète rustique dont l'adresse ou la vigueur a triomphé de la résistance de ses antagonistes. »

Ce fut en vain que le Parlement de Rennes, par son arrêt du 25 novembre 1686, défendit « sous de grièves peines cet exercice dangereux d'où il n'était pas rare de voir résulter même des meurtres : les passions et l'habitude reprirent bientôt le dessus, et l'on continua de voir, comme par le passé, des insensés suivre la soule jusque dans la mer et se noyer en la cherchant. Cependant, depuis quelque temps, MM. les préfets ont à peu près réussi à abolir entièrement cet usage immémorial dans le pays ».

MM. les préfets ont été bien mal inspirés !

JEUX DE BALLE ÉLÉMENTAIRES

Au premier rang des exercices de plein air, des plus complets, de ceux qui mettent en action le plus grand nombre de muscles et qui exercent en même temps la force et l'adresse, il faut placer les jeux de balle.

Parmi ces jeux, les uns sont élémentaires, comme la balle au camp, la balle aux pots, la balle au quart; les autres sont plus compliqués, plus difficiles et par suite plus intéressants, comme la thèque, la paume en ses variétés diverses, la crosse, etc.

En matière de jeux de force et d'adresse, comme en tout, il faut commencer par les éléments.

La première chose à faire pour devenir habile aux grands jeux de balle est de s'exercer d'abord individuellement au maniement de la balle.

Chaque élève fera donc bien de se munir d'une balle de deux sous, en cuir, qu'il peut même aisément fabriquer lui-même : avec cette balle, il exécutera plusieurs fois par jours des

EXERCICES PRÉLIMINAIRES

I. — LA BALLE EN L'AIR

La balle en l'air.

Premier exercice. — Lancer la balle en l'air, verticalement, avec la main droite. La rattraper des deux mains. La lancer de même de la main gauche. Augmenter graduellement la hauteur.

Deuxième exercice. — Lancer la balle en l'air d'une main et la rattraper de cette même main (opérer alternativement de la droite et de la gauche).

Troisième exercice. — Lancer la balle en l'air et, quand elle retombe, la renvoyer en la frappant de la paume de la main (opérer alternativement de la main droite et de la main gauche).

II. — LA BALLE A TERRE

Quatrième exercice. — Jeter la balle à terre, de la main droite, et la ressaisir de la même main (opérer de même avec la main gauche).

Cinquième exercice. — Jeter la balle à terre de la main droite et, quand elle rebondit, la renvoyer en la frappant de la paume de la même main (opérer de même avec la main gauche).

III. — LA BALLE AU MUR

Sixième exercice. — Lancer la balle contre un mur, de la main droite; la rattraper des deux mains. La lancer de la main gauche; la rattraper des deux mains.

La balle à terre.

Septième exercice. — Lancer la balle contre un mur de la main droite et la rattraper de la même main. La lancer de la main gauche et la rattraper de la même main.

Huitième exercice. — Lancer la balle au mur et la renvoyer en la frappant de la paume de la main, d'abord avec la main droite, puis avec la main gauche.

IV. — LA BALLE A DEUX JOUEURS

Neuvième exercice. — Lancer la balle, de la main droite, à un camarade qui la reçoit des deux mains (opérer de même de la main gauche).

Dixième exercice. — Lancer la balle, successivement de la main droite et de la main gauche, à un camarade qui la reçoit de la même main.

Onzième exercice. — Lancer la balle de la main droite à un camarade qui la renvoie en la frappant avec la paume de la main droite (opérer de même avec la main gauche).

N. B. — Ces indications nous sont fournies par M. le commandant Foubert, originaire du pays basque.

La balle au mur.

LA BALLE AU MUR

La *balle au mur* ou *petite paume basque* est la plus simple de toutes, celle qui a servi de point de départ à tous les autres jeux de paume.

Elle n'exige, comme matériel, qu'une balle de laine et cuir, avec un mur de 4 à 5 mètres de côté et un espace de 10 à 12 mètres en avant de ce mur. On peut donc la pratiquer dans presque toutes les cours de collège et d'école.

Les joueurs se placent face au mur, sur lequel on a tracé, à 1 mètre de hauteur, une ligne horizontale pour marquer la limite au-dessus de laquelle doit frapper la balle.

A 2 mètres en avant de la base du mur, et parallèlement à ce mur, une autre ligne est tracée à terre,
pour marquer la limite que la balle doit franchir en
rebondissant après avoir frappé le mur.

La partie se joue en dix points ou plus, chaque
joueur ou chaque camp comptant les fautes de l'adversaire ou du parti adverse. Ainsi, le joueur n° 1 man-
quant la balle au premier bond, cela donne un point

Le lancer.

au joueur n° 2, qui le compte. La balle frappant le mur
au-dessous de la ligne horizontale constitue une faute
que la partie adverse compte comme un point. La
balle, en rebondissant à terre après avoir frappé le
mur, tombe-t-elle *en dedans* de la ligne parallèle à ce
mur, c'est encore un point gagné pour l'adversaire, etc.

Le jeu consiste simplement à lancer contre le mur,
de l'une ou l'autre main, la balle que l'adversaire doit
renvoyer sans la saisir et sans qu'elle touche terre, en
la frappant de la paume de l'une ou l'autre main ; le
premier joueur la renvoie de même et ainsi de suite
jusqu'à ce qu'une faute ait été constatée : sur quoi le

jeu s'interrompt, pour recommencer, par le lancement
de la balle, de la main du joueur qui a compté la faute
à son profit.

Le fin consiste donc à lancer la balle au mur sous
un angle tel, qu'il devienne difficile à l'adversaire de
la renvoyer en la frappant à son tour.

La balle aux pots.

LA BALLE AUX POTS

La balle aux pots est un vieux jeu français qui a déjà charmé un grand nombre de générations successives, — un excellent exercice à tous égards, comme la plupart des jeux de balle et de ballon, car il développe à la fois la vigueur, l'agilité, l'adresse et la justesse du coup d'œil.

Le matériel se réduit à une balle ordinaire en cuir ou en caoutchouc demi-plein.

Le nombre des joueurs ne doit pas dépasser neuf, mais peut être inférieur à ce chiffre.

I. — On commence par creuser, au pied d'un mur ou d'une haie, d'une barrière quelconque, neuf trous assez larges et profonds pour contenir la balle et qu'on appelle les *pots*.

Ces trous sont disposés sur trois lignes parallèles, à la distance de 30 centimètres l'un de l'autre, de manière à former un carré d'environ 1 mètre de côté.

Ce carré est entouré, à la distance de 2 à 3 mètres, d'une ligne tracée sur le sol et qui l'enferme dans le camp.

A 1 mètre en avant du camp, une ligne horizontale marque le but.

Un coup de balai sur le camp, de manière à en enlever la poussière, complète les préparatifs.

II. — On tire au sort les pots. Chaque joueur en a un qu'il doit reconnaître pour le sien pendant toute la partie. Le joueur qui a le dernier trou resté disponible est par le fait même désigné comme rouleur.

III. — Les autres joueurs se postent autour du camp, un pied sur la limite. Le rouleur se place au but et fait rouler la balle vers les trous.

IV. — Si la balle tombe dans un des pots et s'y arrête, tout le monde s'enfuit à l'exception du joueur à qui appartient ce pot et qui s'empresse de la ramasser pour en frapper, s'il peut, un des fugitifs (le *caler*, comme on dit).

V. — Le coup a-t-il porté juste, aussitôt le joueur calé devient rouleur, et de plus il est marqué d'un point, qu'on indique en déposant un petit caillou dans son pot.

VI. — Le coup a-t-il manqué, c'est le caleur qui prend un caillou dans son pot et devient rouleur.

VII. — Tout le monde est tenu de quitter le camp au moment où la balle s'est arrêtée dans son pot. Si, par un motif quelconque, un des joueurs s'est mis en retard, il doit sortir à ses risques, mais il a le droit de faire trois pas hors du camp avant que le caleur puisse essayer de le frapper.

VIII. — Le caleur n'est pas tenu de lancer la balle quand il juge que le coup présente trop peu de chances de succès. Il peut la garder en main pour attendre une occasion favorable, et même chercher à faire naître cette occasion en s'avançant à trois pas hors du camp.

IX. — Quand il tarde trop à lancer la balle, ses adversaires ne manquent guère de se rapprocher pour le narguer. L'un vient danser à quelques pas de lui ; un autre passe en courant à sa portée ; un troisième le défie directement en criant : *Homme de bois!* ce qui implique l'engagement de rester immobile jusqu'à ce que le caleur ait tiré.

Enfin il se décide, et la partie reprend son cours.

X. — Le rouleur qui a roulé trois fois de suite la balle vers les pots sans arriver à la placer est marqué d'un point, c'est-à-dire d'un caillou, comme le joueur calé et le caleur maladroit.

XI. — Quand un joueur a ainsi pris trois marques, il « sort » et, jusqu'à la fin de la partie, reste simple spectateur.

(L'usage de certaines provinces est, dans ce cas, de boucher son pot avec de la terre ou du gazon, pour indiquer qu'il ne sert plus.)

XII. — Le gagnant est celui qui reste le dernier avec deux marques au plus. Il a le droit de *fusiller* tous les perdants.

Chacun des vaincus à son tour va se placer au mur, en présentant le dos, et jette la balle derrière lui aussi loin qu'il peut. Le vainqueur la ramasse et, du point où il l'a relevée, il la lance trois fois de suite contre le dos du condamné. S'il atteint toute autre partie du corps, à son tour il est voué à la fusillade et il subit la peine du talion.

Remarque. — On convient souvent qu'il n'y aura
qu'un seul *fusillé*, le premier « sorti ». Parfois aussi,
pour varier le supplice, on convient que la balle du
fusilleur devra frapper le bras du perdant étendu contre
le mur, ou sa jambe. En ce cas, la peine est la même
pour le fusilleur, s'il manque la partie désignée.

La balle cavalière.

LE JEU DE BALLE AU BAUDET

ou

BALLE CAVALIÈRE

Les joueurs se divisent en deux parties : le sort décide quelle sera la partie qui boutera, c'est-à-dire celle qui portera les cavaliers.

La balle est jetée de cavalier à cavalier ; quand elle tombe, les cavaliers descendent prestement de leurs baudets et se sauvent ; les baudets se saisissent de la balle et cherchent à atteindre un cavalier : si le cavalier visé est atteint, il riposte ; s'il touche un baudet, les baudets reboutent : sinon, les cavaliers boutent à leur tour.

La balle à la casquette.

LE JEU DE BALLE A LA CASQUETTE

Dans ce jeu, les joueurs mettent leurs casquettes en ligne et à une distance fixée. Les joueurs cherchent successivement à mettre la balle dans une des casquettes ; si la balle tombe dans une casquette, le propriétaire de celle-ci s'en empare : les autres joueurs s'enfuient. Le joueur resté dans le jeu fait trois enjambées et tâche d'atteindre un des partenaires : s'il en atteint un, celui-ci s'efforce à son tour d'atteindre un autre joueur et ainsi de suite ; si, au contraire, la balle n'atteint personne, le joueur qui a lancé la balle est marqué d'un point. A un nombre déterminé (5, 6, etc.), on passe ce qu'on appelle les piques.

Celui qui passe les piques jette la balle contre une muraille sur laquelle elle rebondit ; les autres joueurs cherchent à la rejeter le plus près possible de celui qui passe les piques : à la place où elle retombe est fixé le *pas* ou distance à laquelle les joueurs doivent frapper. Le patient a le droit de réserver une partie du corps, soit la tête, soit le tronc : si l'on atteint à la partie du corps défendue, on passe à son tour les piques. Une fois cela bien entendu, les joueurs frappent successivement un certain nombre de coups en s'efforçant d'atteindre une partie du corps. Une fois les piques passées, on recommence à jouer comme précédemment.

La balle au quart.

LA BALLE AU QUART

M. Cunisset-Carnot nous adresse la communication suivante sur un joli jeu fort peu connu :

Cher Monsieur,

Je vous ai parlé des jeux *à projectiles*. Je vais vous donner la description d'un de ceux qui nous amusaient le plus il y a quelque vingt-cinq ans. Elle sera forcément un peu obscure, comme toutes les explications techniques, mais je suis bien à la disposition de la Ligue pour compléter sur le térrain la démonstration, et, à mon premier voyage à Paris, je me ferai un plaisir, si vous le jugez à propos, de monter une ou deux parties explicatives.

Ce jeu s'appelle la balle au quart. On le nomme ainsi très probablement par corruption de balle au carré, parce qu'elle devait primitivement se jouer autour d'une figure géométrique, sans doute un carré. Mais le jeu est plus commode autour d'un cercle.

Pour le jouer, il faut être en nombre pair : huit au moins, vingt au plus. Les chiffres n'ont rien d'absolu, mais je les donne comme les plus pratiques. On se groupe en deux camps, *au choix*, c'est-à-dire que les chefs de chaque camp choisissent leurs compagnons. — Un des camps est dessus, l'autre est dessous. — On tire au sort pour savoir lequel des camps sera dessus, car le dessus constitue un certain avantage.

Le cercle ne doit guère avoir plus de huit pas de diamètre.

Ceux qui sont dessus se rangent sur la circonférence, à distance égale les uns des autres, et plus ou moins grande suivant le nombre des joueurs, mais en occupant toujours les mêmes places que l'on marque soit avec une pierre, soit en éraillant le sol du pied. Si l'on fait plusieurs parties sur le même terrain, les places sont vite reconnaissables. — On ne quitte sa place sous aucun prétexte à peine *d'y être*.

Ceux qui sont dessous restent à l'intérieur du cercle et s'y tiennent comme ils veulent, mais en s'isolant les uns des autres, car vous allez voir qu'ils y ont intérêt.

Ces dispositions prises, la partie commence. Le chef du dessus a la balle : il l'envoie à l'un de ceux de son camp, n'importe lequel, mais en s'appliquant à tromper ceux du dessous par des feintes, de façon qu'ils ne sachent pas au juste quel va être le détenteur de la balle. Celui auquel le chef l'a envoyée doit la recevoir ; s'il la manque ou la laisse tomber même après l'avoir reçue, il y est et sort de la partie. — Quand il l'a reçue, il tire sur ceux de dessous ; s'il n'en atteint aucun, il y est. S'il en atteint un, le plus prompt de ceux du dessous ramasse la balle et tire sur ceux du dessus qui se sauvent à toutes jambes. S'il manque, ce n'est pas lui qui y est, mais celui de son camp qui a été touché par celui du dessus qui a tiré. — S'il a atteint un de ceux du dessus, le plus leste de ce camp prend la balle, et tire sur ceux du dessous qui se sauvent à leur tour, mais il ne peut tirer qu'à la condition d'être revenu mettre un pied sur la circonférence du cercle. — S'il manque, il y est, et ainsi de suite.

L'élimination se poursuit jusqu'à ce qu'il ne reste plus que deux, puis plus qu'un joueur. Le camp auquel appartient ce dernier joueur a gagné la partie. Si ce sont ceux du dessus qui ont gagné, ils restent dessus qui est la place avantageuse. Si ce sont ceux du dessous qui triomphent, ils passent dessus.

Vous n'imaginez pas l'acharnement que l'on met à rester dessus quand on y est ! Il faut avoir joué ce jeu pour en comprendre la passion.

La balle est en étoffe, peau ou caoutchouc. Il faut qu'elle soit assez lourde pour constituer un vrai projectile qui ne flotte pas dans l'air, et cependant assez résistante pour ne faire aucun mal à ceux qui la reçoivent. Nous avions des balles en caoutchouc mi-pleines qu'on lançait aisément avec justesse et qui, même frappant en plein visage, ne présentaient aucun inconvénient.

Ce jeu convient à merveille pour les cours même peu spacieuses; car, en plein air, ceux qui se garent du projectile se sauvent trop loin et on les manque, ce qui ne permet pas les séries de coups.

Frais d'installation : une balle de 15 à 25 centimes!

Croyez bien, cher Monsieur, à mes sentiments les plus dévoués pour notre chère Ligue, et les meilleurs pour son secrétaire général.

CUNISSET-CARNOT.

La balle au poste.

LA BALLE AU POSTE

Les joueurs se divisent en deux camps A et B ; ils se numérotent dans chaque camp, suivant l'ordre où ils ont été choisis par le chef de camp.

INSTALLATION DU JEU

Base. — Tracer à terre un cercle assez grand pour contenir tous les joueurs du camp ; un diamètre de trois ou quatre pas suffira généralement ; ce cercle prend le nom de « base ».

But. — Placer à terre, en avant de ce cercle et tout contre la circonférence, un morceau d'étoffe carré, grand environ comme un mouchoir de poche ; c'est le « but ».

Poste. — Désigner en avant de la base un certain nombre de points nettement déterminés et facilement reconnaissables (arbres, piquets, etc., au nombre de quatre ou cinq généralement), suffisamment espacés les uns des autres et formant les sommets d'un polygone au nombre desquels se trouve la base. Chacun des sommets autres que la base prend le nom de « poste »; on les numérote de droite à gauche.

RÈGLE GÉNÉRALE

Supposons que le camp B « s'y colle ».

Répartition des joueurs. — Le chef du camp A se poste à trois pas en avant et un peu à gauche du but; l'endroit où il se tient prend le nom de « pied ». Le joueur qui est sur le pied s'appelle le « paumeur ».

Les joueurs de son camp restent groupés dans la base. Le chef du camp B prend place à environ 12 mètres du but et vis-à-vis ce but; ce point s'appelle le « carreau ». Les joueurs de son camp sont disséminés dans l'intérieur du polygone en se tenant principalement auprès des postes.

Marche générale. — La partie s'engage. Le chef du camp B, faisant fonction de « balleur » et tenant la balle, cherche à la lancer de façon qu'elle tombe directement sur le but. Si la balle roule à terre avant de toucher le but, le coup est nul.

Le chef du camp A repaume la balle avec la main ou avec une petite batte en bois.

Il peut se présenter trois cas :

1° *Abat.* — La balle tombe directement sur le but : « abat ».

Le camp B marque un point et le paumeur, c'est-à-dire actuellement le chef du camp A, est mort; il ne compte plus dans la partie et le joueur n° 1 prend sa place au pied.

2° *Passe*. — Le paumeur ne réussit pas à paumer la balle, mais celle-ci n'atteint pas le but : « passe ».

Refus. — Le balleur la renvoie au paumeur qui a le droit de recommencer quatre fois, tout en ayant le droit de refuser les balles qui paraissent mauvaises : « refus ». Si, à la troisième fois, le paumeur manque encore la balle, il meurt; le numéro suivant prend sa place et le camp B marque un point.

Mouche. — Si le paumeur quitte le pied bien qu'ayant manqué la balle — « mouche » — le résultat est le même que précédemment.

3° *Repaume*. — Le paumeur repaume la balle.

Course franche. — Il lâche aussitôt sa batte et court au poste n° 1 qu'il touche aussi, et fait de même à tous les postes successivement, pour revenir à la base. S'il accomplit sans encombre et d'une seule haleine ce trajet, que l'on nomme « course », son camp marque une « course franche » et compte cinq points.

Mais les joueurs du camp B ayant ramassé la balle se la passent de main en main, s'il y a lieu, et celui qui, la tenant, croit le moment propice, la lance contre le paumeur en train de faire sa course. Si celui-ci est atteint, le camp B marque un point, et les rôles des camps sont immédiatement intervertis : c'est-à-dire que le camp A s'y colle tandis que le camp B prend la base.

Toutefois, si le batteur ne juge pas à propos de continuer sa course, il peut s'arrêter à un poste quelconque en élevant la main et en criant : « Reste! » La balle ne peut plus l'atteindre avant le coup suivant et elle

est lancée au joueur n° 2 qui a pris la place du paumeur. Celui-ci ayant repaumé la balle, le joueur n° 1
peut reprendre sa course, tandis que le n° 2 commence la sienne. Durant sa course, un joueur ne peut
séjourner en demandant la suite du jeu qu'à deux
postes seulement. Une infraction à cette règle amène-
rait la mort du joueur et la marque d'un point au camp
opposé. Chaque joueur arrivant à la base, après avoir
fait la course, marque un point à son camp.

Change. — Le jeu continue ainsi, à moins qu'une
faute n'amène interversion dans le rôle des camps :
« change ».

Reprise. — Lorsqu'une faute quelconque est commise
par un joueur du camp A qui tient la base, les joueurs
du camp B doivent crier : « Au camp ! » et courir tous
à la base le plus vite possible ; car un joueur du camp A
peut ramasser la balle, rentrer à la base et, une fois
là, « caler » un des joueurs du camp B avant que ce
joueur soit rentré à la base. Dans ce cas — « reprise »
— les rôles ne sont pas intervertis et le camp A garde
la base en marquant 1 au point. Mais, pour que la
reprise soit valable, il faut que au cri de : « Au camp ! »
tous les joueurs de A aient quitté la base avant qu'un
des joueurs de B y arrive.

FAUTES

Sont considérées comme fautes, et en conséquence
donnent 1 point au camp opposé, tout en amenant
immédiatement (sauf reprise) interversion dans le rôle
des camps, les circonstances suivantes :

1° *Arrêt.* — La balle paumée est attrapée, avant
qu'elle ait touché à terre, par un des joueurs du

camp adverse — « arrêt » —lequel doit immédiatement jeter sa balle à terre en criant : « Au camp ! »

2° *Touche.* — Un paumeur est atteint par la balle durant sa course ou avant qu'il n'ait crié : « Reste ! » à un poste : « touche ».

3° *Relais.* — Trois paumeurs se trouvent au même poste : « relais ».

4° *Surcoupe.* — Un paumeur quitte un poste ou arrive à un poste avant un des paumeurs qui le précèdent : « surcoupe ».

5° *Renonce.* — Un paumeur, après avoir déclaré qu'il restait à un poste, quitte ce poste avant le coup suivant : « renonce ».

6° *Défaut.* — Un paumeur, après avoir quitté un poste, revient à ce même poste : « défaut ».

7° *Oubli.* — Un paumeur passe d'un poste à un autre sans toucher au poste intermédiaire : « oubli ».

8° *Manque.* — Tous les joueurs étant en course, la base reste vide : « manque ».

9° *Fuite.* — Un paumeur, soit pour éviter la balle, soit pour toute autre cause, sort des lignes fixées comme limites du jeu[1] : « fuite ».

Comptent comme fautes pour le camp B (celui qui s'y colle) et font marquer 1 point au camp A, mais sans interversion des rôles :

1° *Garde.* — Un des joueurs, ayant reçu au vol la balle paumée, ne la jette pas immédiatement à terre en criant au camp : « Garde ! »

---

1. Ces lignes enveloppent le polygone déterminé par les postes ; elles forment un quadrilatère dont les côtés sont éloignés d'au moins 10 mètres des sommets qui s'en rapprochent le plus. Dans les jeux bien installés, ce quadrilatère est formé par des filets tendus ou bien des claies qui empêchent les balles d'aller trop loin.

2° *A faux*. — Un de ses joueurs crie : « Au camp ! »
sans qu'il y ait lieu de le faire : « à faux ».

REMARQUES

Tout joueur a le droit de signaler une faute qu'il voit
commettre ; mais le chef de chaque camp a particulièrement pour mission de surveiller tout pour signaler et
faire marquer les fautes de l'adversaire ; c'est lui qui
entame la partie si son camp tient la base, ou qui est le
premier balleur si son camp prend le champ. Il doit
indiquer à ses joueurs les coups qui peuvent amener
une faute de l'adversaire.

La partie se joue généralement en autant de points
qu'il y a de joueurs plus 5.

N. B. — C'est ainsi que se joue la balle au poste, à
Montpellier et dans tout le midi de la France ; on la
jouait de même au lycée Henri IV, à Paris, il y a quelques années.

La balle au camp.

LA BALLE AU CAMP

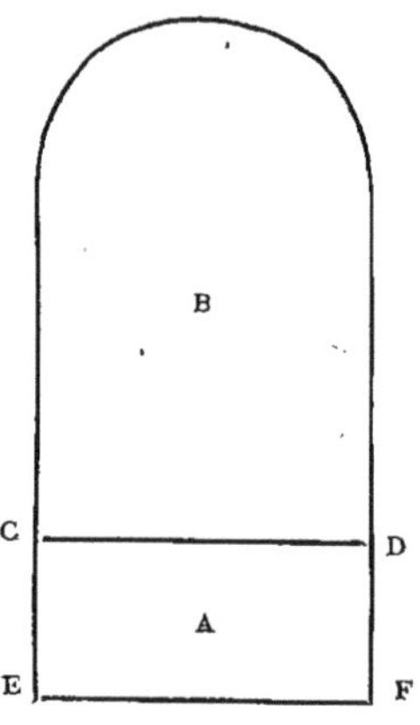

Dans le département du Nord, le jeu de balle au camp est surtout en honneur dans l'arrondissement de Douai; les enfants y prennent goût, les jeunes gens s'y intéressent également. On pratique aussi ce jeu dans les arrondissements de Valenciennes, Lille et Avesnes, avec quelques modifications : il n'est pas connu dans les autres arrondissements.

On peut jouer à la balle un contre un, deux contre deux, etc.

Le jeu se divise en deux parties A

et B; on trace une ligne en forme de demi-ellipse, au
lait de chaux ou avec toute autre substance visible :
D C E F est la limite du camp A.

Supposons maintenant un joueur en A et un autre
en B. Le joueur en A lance la balle en B avec la main
en ayant pris la précaution d'avertir le joueur en B par
ce mot : « Balle ! » (Pour lancer la balle il la jette en l'air et
la rabat avec la main.) Le joueur en B attrape la balle,
le plus vite possible, pour la jeter sur
le joueur qui sort du camp A en courant autour de la ligne courbe et
tâche de revenir au camp sans avoir
été atteint par la balle ; alors la partie
commence. Mais si le joueur A a
été atteint, il doit prendre la balle et
la jeter sur le joueur B qui court
pour arriver au camp A en évitant
d'être touché par la balle. Si B est
atteint avant son arrivée au camp, il
recommence comme précédemment,

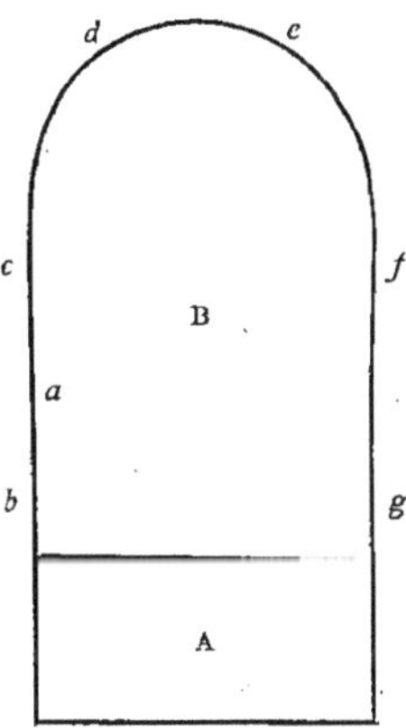

son but étant d'atteindre avec la balle le joueur A. Si
le joueur B arrive au camp sans avoir été atteint par la
balle, les rôles sont intervertis : le joueur B vient en A
et réciproquement ; alors une nouvelle partie s'engage.
Celui qui gagne est, bien entendu, le joueur qui est
resté le plus de temps dans le camp A.

Il faut remarquer qu'il est difficile, pour le joueur qui
se trouve en A, de faire le tour de la courbe sans être
atteint par la balle ; ce joueur, en courant ainsi, est
vite fatigué.

La partie est des plus attrayantes quand il y a plusieurs joueurs de chaque côté. Plus il y a de joueurs,
plus le pourtour est grand. Alors, de distance en

distance, on fait des remarques visibles; le nombre des remarques est souvent proportionnel au nombre des joueurs. (Il y en a autant que de joueurs, moins un, dans chaque partie.)

Le joueur A lance la balle le plus loin possible et court vers les remarques successives, b, c, d, etc.; il doit atteindre au moins la remarque b; s'il le peut il ira en c, peut-être en d. S'il voit, une fois en b, qu'il ne pourra pas aller en c, il faut qu'il reste en b et qu'il crie ce mot: « Rendu! » avant que la balle l'atteigne. Il attend pour repartir qu'un autre joueur de A lance la balle. Mais si le premier joueur de A est atteint par la balle, il doit la prendre et tâcher de toucher un des autres joueurs qui courent au camp en criant: « Camp! »(Voyez plus haut dans le cas où un des joueurs de B serait atteint.)

Lorsque chaque joueur a passé en b, c, d, e, f, g, il revient au camp en criant : « Camp! »

On ne peut pas crier : « Rendu! » entre deux remarques; il faut, si on se trouve en a, atteindre c ou revenir en b.

Les joueurs suivent le premier qui fait le tour: ils ne peuvent pas le dépasser. Si le premier joueur est arrivé en e, le second ne peut aller au delà de d, le troisième au delà de c.

La thèque.

LA THEQUE

La thèque est un vieux jeu français qui nous a été
emprunté par les Anglais, comme la plupart de leurs
exercices de plein air ; mais nous l'avons laissé dépérir,
alors qu'ils le conservaient et le perfectionnaient avec
soin. On le jouait encore à Chartres et en Normandie,
sous son nom français, il y a une trentaine d'années.

I. — Le nombre des joueurs varie de douze à dix-
huit, mais doit toujours être pair, afin de se prêter à
la division en deux camps (que nous appellerons les
bleus et les rouges), chacun sous le commandement
d'un capitaine.

II. — Le matériel est des plus simples et des moins
coûteux : quatre ou cinq chevilles de bois; un bâton

(thèque) de 60 à 80 centimètres pour servir de batte, et une balle de cuir ordinaire.

III. — Le terrain de jeu doit avoir 3 à 400 mètres carrés au minimum. Une cour de collège, sans arbre, convient parfaitement (Il suffit de griller en fil de fer les fenêtres inférieures pour prévenir les bris de vitres).

IV. — Au milieu de ce terrain, on dessine au cordeau un pentagone régulier de 5 à 6 mètres de côté. A chacun des angles de la figure on plante une cheville, marquant ce qu'on appelle les *bases* 1, 2, 3, 4 et 5. Autour du point, pris comme centre, on trace un cercle qui prend le nom de chambre; vers le milieu de la figure, une sixième cheville, plantée en terre au point A, marque le poste.

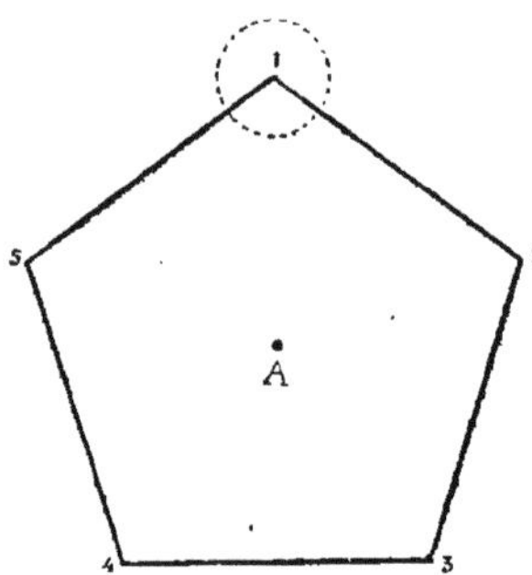

V. — Les choses ainsi disposées, on tire à pile ou face pour désigner le parti qui doit ouvrir le jeu. Supposons que ce soit celui des bleus.

Il se place dans la chambre du pentagone, tandis que les rouges s'espacent autour de la figure, à des distances variables.

VI. — Un des bleus se place avec le bâton à la base 1 ; un autre se met au poste A en avant de ses camarades, pour lancer la balle au batteur.

Il doit envoyer la balle de manière que le batteur puisse normalement la recevoir sur son bâton et la frapper, s'il n'est pas d'une maladresse insigne. Celui-ci a le droit de « refuser » deux fois la balle; mais, s'il la manque ou la refuse une troisième fois, il « sort ».

VII. — L'a-t-il frappée, il lâche le bâton, court à la base 2, puis, s'il en a le temps, touche successivement la base 3, la base 4 et la base 5, pour revenir ensuite à la chambre. Réussit-il à faire cette « ronde », son parti marque cinq points. Mais ses adversaires, postés autour du pentagone, se sont hâtés de saisir ou de ramasser la balle pour le surprendre en flagrant délit de déplacement, d'un piquet à l'autre, et lui jeter la balle. S'il est touché entre deux bases, il sort et un autre joueur de son camp prend le bâton.

VIII. — Il est permis aux rouges de saisir la balle, soit à la volée, c'est-à-dire avant son premier bond, soit après, et tout joueur, surpris par le retour de cette balle alors qu'il se trouve entre deux piquets, sort aussitôt.

IX. — On ne doit jamais être deux au même piquet, ni se dépasser.

X. — Quand il ne reste plus que deux joueurs dans la chambre, l'un d'eux a le droit de demander « trois coups pour une ronde » : c'est-à-dire que, après avoir frappé la balle, s'il arrive à faire le tour des piquets sans être touché, tout son camp rentre et recommence à tenir le bâton. Il importe donc de réserver les plus habiles coureurs pour l'arrière-garde.

XI. — Tout batteur qui envoie la balle derrière lui sort du coup.

XII. — Un camp entier sort quand tous ceux qui en font partie se trouvent aux piquets. L'usage est alors, pour réclamer cette sortie en masse, de déposer la balle dans la chambre.

XIII. — La thèque se joue habituellement en deux manches de quarante points, avec une belle s'il y a lieu.

Tel est ce joli jeu, très simple, très varié, très amusant et presque sans frais. Comme tous les jeux de balle, il développe à la fois la force, la souplesse, l'adresse, l'agilité, le sang-froid, le jugement, l'esprit d'à-propos.

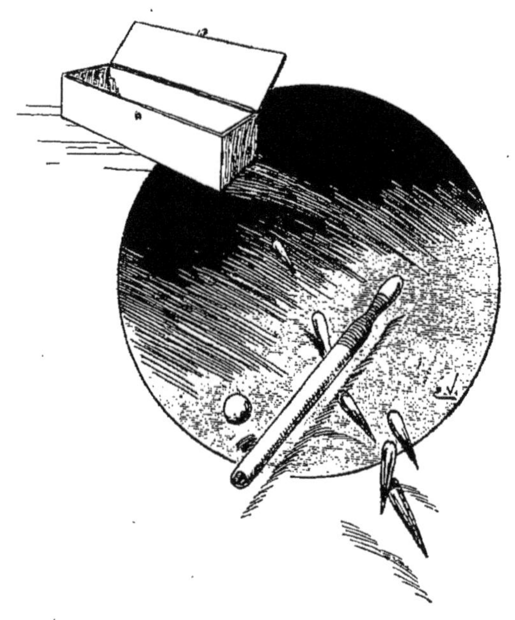

La balle au tambourin.

LA BALLE AU TAMBOURIN

Ce joli jeu est une excellente préparation au lawn-tennis et, à ce titre, convient parfaitement aux jeunes filles, surtout si elles s'habituent à le pratiquer alternativement des deux mains.

Le matériel se compose :

1° D'un tambourin servant de raquette et formé d'une peau tendue sur un large anneau de bois ;

2° De petites balles de caoutchouc qu'on choisit plus ou moins pesantes, selon l'âge et la force des joueurs. Ce matériel est peu coûteux, car on peut avoir un bon tambourin pour 2 ou 3 francs et des balles à tous prix : il suffit parfaitement pour jouer tous les jeux de paume.

Le terrain est une cour, une esplanade quelconque,

ou mieux encore une pelouse. Dans le dernier cas, il est bon de chausser des souliers de toile à semelles en caoutchouc.

Au début, les joueuses se contenteront de se grouper deux par deux et se renvoyer la balle en la frappant du tambour, tantôt de la main droite, tantôt de la main gauche. Quand elles auront acquis une certaine adresse à cet exercice, elles aborderont une difficulté plus grande : celle qui consiste, par exemple, à laisser bondir la balle à terre, en deçà ou au delà de la ligne tracée sur le sol (à la chaux, s'il s'agit d'une pelouse), avant de la frapper du tambourin pour la renvoyer.

Il est déjà possible et même avantageux, à cette phase, de se grouper par camps de deux ou trois personnes, chacun d'un côté de la ligne-limite, afin de barrer plus aisément le passage de la balle, quelle qu'en soit la direction.

On a là le rudiment des jeux de paume proprement dits. Il n'y a plus de raison dès lors pour ne pas en adopter les règles telles qu'on les donne ci-après et ne pas jouer au tambourin, soit la paume au filet, soit la longue paume.

N. B. — Pour éviter les accidents, on fera bien de se servir exclusivement de balles creuses en caoutchouc.

L'exercice de la balle au tambourin étant beaucoup plus violent qu'il n'en a l'air, surtout au début, on fera bien aussi de le pratiquer modérément, par reprises d'un quart d'heure tous les jours au plus, et toujours des deux mains alternativement.

RÈGLE DU JEU DE PAUME AU TAMBOURIN

1° *De l'arène.* — L'arène affecte la forme rectangulaire (fig. 1).

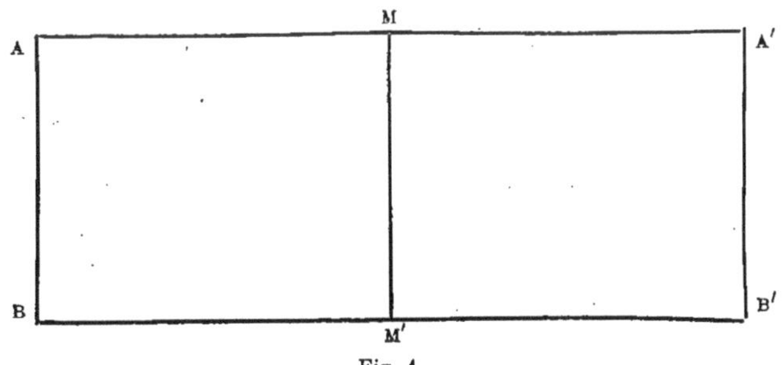

Fig. 1.

Les côtés AA′, BB′, que j'appellerai les « grandes lignes », doivent avoir une longueur de 100 mètres au moins; les côtés AB, A′B′, que j'appellerai les « petites lignes », doivent avoir une longueur de 30 mètres au plus. La ligne MM', qui sépare le rectangle AA', BB' en deux parties égales, porte le nom de « basse ».

2° *Nombre de joueurs. — Noms qu'ils portent.* — Les joueurs doivent être au moins quatre dans chaque camp.

Les joueurs placés près des petites lignes tiennent le fond et s'appellent « fonciers ».

Les joueurs placés près de la basse tiennent la corde et s'appellent « cordiers ».

Les joueurs placés entre les lignes et la basse tiennent la demi-volée et n'ont pas de nom particulier.

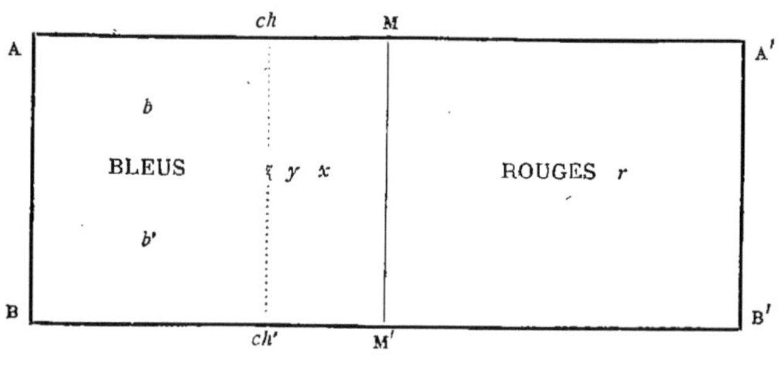

Fig. 2.

3° *Le battoir. — Le batteur. — Les balles d'essai.* — On appelle « battoir » un tambourin monté sur un manche flexible. Le battoir sert, comme son nom l'indique, à « battre ». Battre, c'est lancer la balle autrement que de volée ou après un bond.

L'usage du battoir n'est pas de rigueur.

Le joueur qui tient le battoir s'appelle « batteur ». Il a le droit de se servir du battoir pour repaumer.

On bat toujours du même côté et contre le vent.

La première balle lancée par le batteur l'est à titre d'essai. En la lançant, le batteur dit : « Dame ! »

4° *Manière de compter les points. Cas où l'on passe.* — La partie se joue en quatre, cinq ou six jeux liés.

Chaque jeu se compose de soixante points en comptant par quinze.

Quand les deux camps ont chacun quarante-cinq points, le premier camp qui regagne quinze points ne marque pas soixante, mais reste à quarante-cinq, .et c'est l'autre camp qui redescend à trente. Cette règle est applicable autant de fois que les deux camps ont chacun quarante-cinq.

« Passer », c'est changer de camp. On passe quand il y a deux chasses déterminées. Quand un seul des deux camps a quarante-cinq points, on passe pour une seule chasse. Quand les deux camps ont quarante-cinq points, on ne passe que pour deux chasses.

Quand il y a deux chasses à jouer, on joue celle qui a été déterminée la première.

5° *Règles du jeu quand il n'y a pas encore de chasse.* — Toute balle jouée peut :

A. Être nulle. — B. Être neutre. — C. Être bonne ou faute. — D. Déterminer une chasse.

A. — Une balle jouée est nulle lorsqu'elle va toucher le marqueur dans l'enceinte de l'arène. Alors on la ramasse et on la joue de nouveau.

B. — Une balle jouée est neutre, c'est-à-dire ne fait rien gagner à aucun des deux camps, lorsque, lancée correctement par un joueur, elle est renvoyée correctement par un joueur du camp adverse.

Plus nombreuses sont les balles neutres dans une partie, plus égales sont les forces dans les deux camps et plus intéressante est la partie.

C. — Une balle jouée est bonne ou faute dans les cas suivants :

a. — Toute balle qui, battue, ne dépasse pas la basse sans toucher terre est faute et fait gagner quinze points au camp adverse du joueur qui l'a ainsi battue.

b. — Toute balle battue ou repaumée avec autre chose que la peau, le cercle, le pouce qui tient le tambourin, la peau, le cercle, le manche du battoir, est faute et fait gagner quinze points au camp adverse du joueur qui l'a ainsi battue ou repaumée.

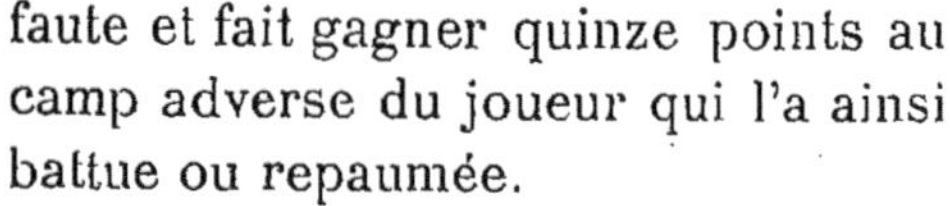

c. — Toute balle qui, battue ou repaumée, suit une direction oblique et va toucher terre en dehors des grandes lignes est faute et fait gagner quinze points au camp adverse du joueur qui l'a ainsi battue ou repaumée.

d. — Toute balle qui, battue ou repaumée, rencontre sur sa route un joueur du même camp que le joueur qui l'a lancée est faute et fait gagner quinze points au camp adverse du joueur qu'elle a rencontré.

e. — Toute balle qui est arrêtée par un joueur, de volée ou au premier bond, avec autre chose que la peau, le cercle, le pouce qui tient le tambourin, la peau, le cercle, le manche du battoir, est faute et fait gagner quinze points au camp adverse du joueur qui l'a ainsi arrêtée.

f. — Toute balle qui, battue ou repaumée, franchit les petites lignes sans avoir été repaumée par le camp adverse est bonne, prend le nom de balle « close » et fait gagner quinze points au camp du joueur qui l'a ainsi close.

N. B. — Si un joueur du camp adverse est assez leste pour franchir les petites lignes avant la balle et la repaumer de volée ou au premier bond, la balle n'est pas close, elle est neutre. La limite des petites lignes n'existe réellement que pour la détermination des chasses. Nous verrons tout à l'heure ce que cela signifie.

6° *Règles du jeu quand il y a des chasses.* — Quand une chasse a été déterminée, elle ne fait rien gagner à aucun des camps. Il faut, pour qu'on sache lequel des deux camps marquera quinze points, que l'on joue la chasse. Je vais m'efforcer de faire saisir clairement, par des exemples et des figures, ce que l'on appelle jouer et, par suite, gagner ou perdre une chasse.

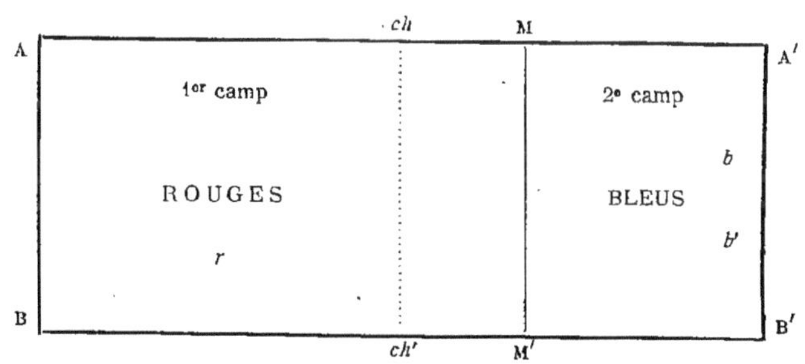

Fig. 3.

Soit les joueurs rouges dans le premier camp (fig. 3) et les joueurs bleus dans le second. Les rouges ont lancé une balle qui a déterminé une chasse dans le second camp, soit *ch ch'* cette chasse (fig. 4).

Lorsque les deux camps sont ainsi placés, l'on bat et l'on joue d'après les règles énoncées dans les paragraphes précédents A, B, C, en y ajoutant la règle suivante :

La balle lancée par les bleus doit toucher terre une fois au moins au delà de *ch ch'* si elle a déjà touché terre en deçà de cette ligne, et deux fois au moins si elle n'a pas touché terre en deçà de cette ligne.

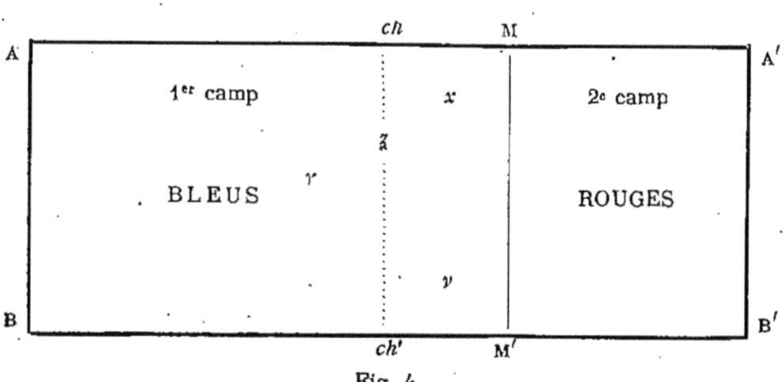

Fig. 4.

Les rouges doivent renvoyer la balle avant qu'elle ait satisfait à cette condition.

Si la balle lancée par les bleus touche terre en v, en x, puis en y, les rouges perdent la chasse et les bleus gagnent quinze points.

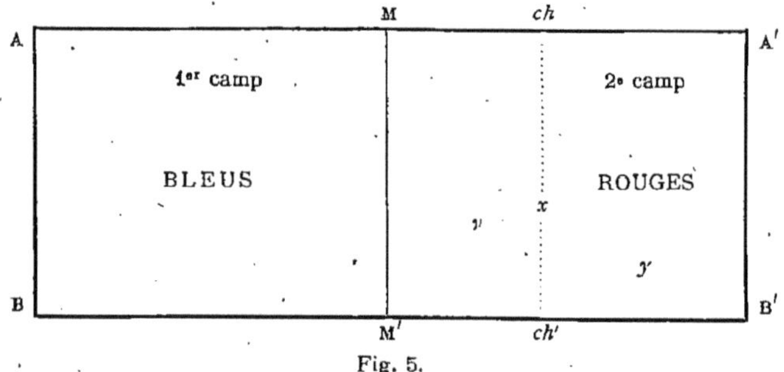

Fig. 5.

Si la balle lancée par les bleus touche terre d'abord en y, et puis en z, même résultat.

Mais la balle lancée par les bleus touche terre en *v* et, en *x*, est renvoyée correctement par les rouges : elle est neutre.

Elle est neutre encore si elle touche terre en *y*, puis est renvoyée correctement par les rouges.

Enfin elle est également neutre si elle est renvoyée par les rouges sans avoir touché terre.

Cas particulier. — Si la balle lancée par les bleus touche terre en *k* (fig. 6), puis sort par les grandes lignes, la chasse est perdue par les bleus, et les rouges marquent quinze points.

La balle battue ou repaumée par un joueur qui lâche en même temps son tambourin est faute et fait gagner quinze points au camp adverse du joueur qui l'a ainsi battue ou repaumée.

N. B. — Si le joueur manque la balle en lâchant son tambourin, il est censé n'avoir pas joué ; la balle n'est pas faute, et elle peut être repaumée par un autre joueur du même camp.

D. — Une balle jouée détermine une chasse lorsque, lancée correctement par les joueurs d'un camp, elle n'est arrêtée par les joueurs du camp adverse qu'après avoir touché terre deux fois au moins. Le point où la balle est arrêtée est le point par où passera la chasse, et la perpendiculaire aux grandes lignes menée par ce point est la chasse.

Exemple. — Soit AA′, B′B, l'arène (fig. 2).

Soit *r* un joueur du camp des rouges. Soit *b* et *b′* deux joueurs du camp des bleus.

Le joueur *r* lance la balle, soit en battant, soit en

repaumant ; elle touche terre en x ; le joueur b se précipite pour la repaumer, mais il la manque ; elle passe et va toucher terre en y, puis en z où le joueur b' l'arrête. Eh bien, la ligne imaginaire $ch\ ch'$, passant par le point z, perpendiculaire aux grandes lignes, est ce qu'on appelle la chasse.

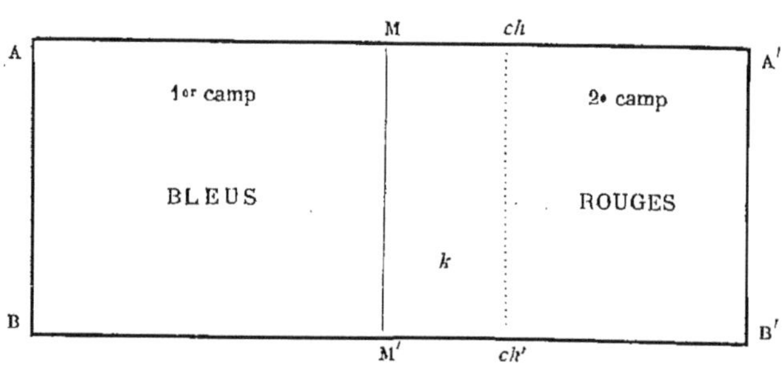

Fig. 6.

D'où cette définition :

Définition. — On appelle chasse une ligne imaginaire, parallèle aux petites lignes de l'arène et perpendiculaire aux grandes lignes, qui passe par le point où la balle, lancée correctement par les joueurs d'un camp, a été arrêtée par les joueurs du camp adverse après avoir touché terre deux fois au moins.

Le marqueur indiquera la chasse en plantant un piquet à l'un des deux points d'intersection de la chasse avec les grandes lignes.

1re *Remarque*. — Si la balle n'était arrêtée qu'après le second bond, qu'en dehors des petites lignes, il n'y aurait pas de chasse et la balle serait close (voyez C, f).

2e *Remarque*. — Si la balle, après avoir touché terre une ou plusieurs fois dans les limites de l'arène, sortait de l'arène par les grandes lignes, il faudrait remarquer le point précis où elle sort de l'arène et mener par ce point une perpendiculaire aux grandes lignes. Cette perpendiculaire serait la chasse.

3ᵉ *Remarque.* — Lorsque la balle a fait deux bonds, on a le droit de l'arrêter de n'importe quelle manière, même en se jetant à plat ventre dessus, comme cela arrive quelquefois quand la partie est sérieuse.

Cette règle a été rédigée le plus clairement et le plus succinctement possible; à la lecture on peut parfaitement la comprendre avec un peu d'attention, mais celui qui se contenterait de la lire et ne la pratiquerait pas ne parviendrait jamais à s'en bien pénétrer. On n'apprend à jouer qu'en jouant.

LA PAUME AU TAMBOURIN

CONSEILS PRATIQUES

Il est regrettable que l'usage du tambourin ne soit pas plus familier aux joueurs de balle française. C'est qu'en effet cet instrument, sous tous les rapports, est bien supérieur à la raquette.

Il coûte d'abord beaucoup moins cher, ce qui n'est pas à dédaigner.

Il est plus facile à manier; car il n'a pas de manche, si ce n'est le bras du joueur.

Il permet de se servir de balles lourdes et par suite d'envoyer à une distance relativement considérable.

Il imprime aux balles une plus grande rapidité que ne peut le faire la raquette.

Enfin il signale aux joueurs l'envoi de la balle par un
son retentissant, de sorte que ceux-là mêmes dont la
vue est faible ou gênée par le soleil, ce qui arrive trop
souvent, se tiennent sur leurs gardes et sont toujours
prêts à la riposte.

Il résulte de tout cela qu'une partie de paume au
tambourin offre beaucoup plus d'animation et d'intérêt
qu'une partie à la raquette. Car, dans ce cas, ce n'est
plus une longueur de 70 mètres que mesure le camp,
mais bien une longueur de 100, 120 et même 130 mètres,
et alors, la place étant beaucoup plus grande, la
balle a beaucoup plus de chances de passer entre les
joueurs, et ceux-ci doivent faire preuve, pour la renvoyer, de beaucoup plus de sagacité, de présence
d'esprit, de coup d'œil et d'adresse.

Mon intention n'est certes pas de proscrire la
raquette; mais il me semble qu'on pourrait la réserver
à des jeux de jardin, comme le lawn-tennis.

Je ne veux pas insister plus longtemps sur ce point
et je passe sans retard à la partie technique, c'est-
à-dire aux renseignements indispensables à ceux qui,
n'ayant pas l'expérience de la chose, voudraient savoir
distinguer un bon tambourin d'un tambourin défec-
tueux.

Un tambourin se compose de deux parties : un bois
et une peau. On peut, si l'on veut, au lieu d'acheter
l'instrument tout agencé, se procurer les deux parties
séparément et tendre la peau soi-même, opération assez
facile que je décrirai plus loin.

Suivant les dimensions, un tambourin tout monté et
prêt à servir vaut de 3 à 5 francs, un bois seul vaut de
2 à 3 francs et une peau de 1 à 2 francs. Il y a loin,
comme on voit, de ces prix relativement minimes aux

10, 20 et même 25 francs que coûte une bonne raquette.

1° *Le bois*. — Le bois de tambourin se compose d'un assemblage de petits cercles, taillés généralement dans le hêtre et cloués ensemble de manière à former un cercle plus gros. La largeur de ce cercle dépend de la volonté du joueur. Les plus grands peuvent avoir environ 30 centimètres de diamètre, les plus petits de 24 à 25. Les grands tambourins ont l'avantage de renvoyer la balle avec plus de force que les petits, mais ils ont l'inconvénient d'être plus lourds et plus difficiles à manier. Affaire de vigueur, comme on le voit.

Quant à la hauteur du bois, elle dépend des dimensions de la main du joueur. Comme il faut pouvoir au besoin serrer fortement le tambourin, plus la main est petite, plus le cercle doit être bas.

2° *La peau*. — On se sert, pour recouvrir le bois de tambourin, d'une peau de chèvre, de veau, de porc ou de sanglier.

La peau de chèvre a l'avantage d'être élastique et, comme on dit en termes de jeu, de « bien rendre »; mais elle est exposée à se crever, si la balle employée est trop lourde. Il en est cependant qui résistent assez longtemps : le tout est de bien choisir. Nous verrons plus loin quelles conditions doit remplir une peau pour être bonne.

Si la peau de veau rend moins bien que la peau de chèvre, en revanche elle est beaucoup plus solide, et comme, par suite de cet avantage, elle permet de se servir de toutes les balles, même les balles pleines, certains joueurs l'emploient de préférence à la peau de chèvre. Le plus simple est d'avoir toujours avec soi deux tambourins, l'un en peau de chèvre, l'autre en peau de veau, ce qui permet de prévoir tous les cas.

Les peaux de porc et de sanglier, reconnaissables aux grosses granulations qui les recouvrent, sont à rejeter dans la fabrication des tambourins ; elles se détendent très vite, et leur épaisseur considérable leur ôte toute élasticité ; aussi rendent-elles fort mal. Jamais un bon joueur ne se sert de ces peaux, malgré leur excessive solidité.

Voici maintenant de quelle manière on procède pour tendre une peau sur un bois de tambourin.

On se procure, chez un marchand de peaux pour tambours, une peau de chèvre ou de veau de 30 centimètres de diamètre au moins, pas trop épaisse (moins d'un millimètre), mais bien égale partout, c'est-à-dire sans parties faibles. On fait une marque sur l'endroit de la peau de façon à pouvoir la distinguer de l'envers quand elle sera mouillée. Ensuite on la met à tremper pendant une huitaine de jours dans un baquet d'eau froide, en ayant soin de changer l'eau tous les jours et de bien tordre la peau chaque fois qu'on change l'eau. Lorsqu'on la juge suffisamment débarrassée des sels de chaux dont elle était imprégnée et qui, si on les laissait, la feraient se détendre très rapidement, on la tord et on l'essuie ; puis on se munit de petits clous à tête plate, d'un petit marteau et d'une pince plate très « happante ». On cloue la partie A, en la repliant l'endroit en dessus, sur le bord extérieur du bois ; puis on cloue de la même manière, et juste en face, la partie C, sur l'autre bord, en ayant soin de tirer de toutes ses forces avec la pince de façon à tendre parfaitement la peau. On procède de même pour les parties B et D, puis pour les parties E et F, G et H, etc., enfin pour toutes les parties intermédiaires. Lorsque l'opération est terminée, les clous doivent avoir entre eux une distance d'un centimètre environ. On accroche ensuite le tambourin le long d'un mur et on laisse la peau sécher naturellement, ce qui demande de douze à vingt-quatre heures, selon la saison et suivant la température du lieu. Il faut éviter de sécher au feu, autrement l'évaporation serait trop rapide et la peau se détendrait très facilement plus tard. Lorsque le tout est sec, on entoure le bord extérieur du bois (soit en collant, soit en clouant) d'une bande de maroquin, et l'instrument est prêt à servir.

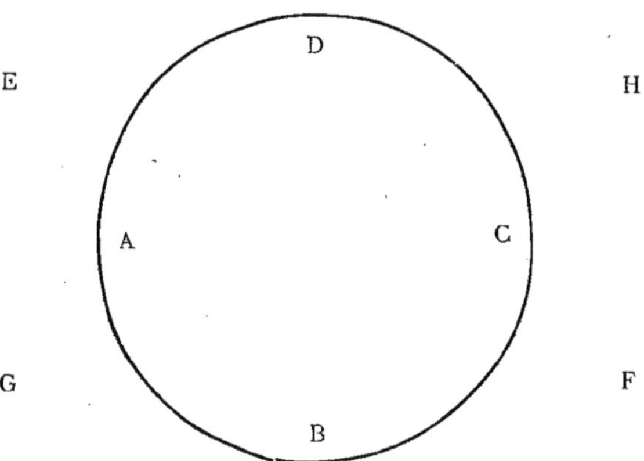

Il faut avoir soin, lorsqu'on commence à jouer avec un tambourin neuf, de frapper toujours bien au milieu et à petits coups. Les fibres de la peau s'habituent alors peu à peu aux chocs et, plus tard, les accidents sont beaucoup moins à craindre. C'est ce qu'on appelle « faire la peau ».

Le Jeu. — *Termes du jeu*. — Repaumer la balle au

bond, c'est la renvoyer lorsqu'elle a touché terre une ou plusieurs fois.

Repaumer la balle à la volée, c'est la renvoyer sans qu'elle ait touché terre. C'est la grande difficulté du jeu, surtout quand la balle est basse, c'est-à-dire suit une trajectoire parallèle au plan du sol.

Le jeu de balle au tambourin consiste tout simplement à se renvoyer la balle de part et d'autre, ne la laissant toucher terre que le moins souvent possible. Des amateurs de première force le jouent tous les jours aux Tuileries, dans un carré réservé, tout près du sanglier d'Erymanthe, non loin de l'Orangerie. Ce jeu peut servir d'exercice préparatoire au jeu de paume au tambourin.

Le jeu de paume au tambourin comporte exactement les mêmes règles que le jeu de paume à la raquette, en tenant compte toutefois de la différence des instruments employés. Ainsi toute balle renvoyée avec le bois du tambourin est bonne; mais, si elle a touché le poignet du joueur, elle ne vaut rien, et le camp de ce joueur perd quinze points.

Je n'entrerai dans aucun détail sur la manière de tenir le tambourin et de frapper les balles ; les uns procèdent par un coup de côté, les autres par un coup en dessous, et tous réussissent. Je ne parlerai pas davantage des coups dits « coups de poing » et « à la japonaise » ; celui qui veut apprendre à jouer doit d'abord observer, et ensuite tâtonner jusqu'à ce qu'il ait trouvé, par des essais successifs, la méthode qui convient le mieux à son tempérament propre et à ses moyens physiques ; tous les conseils du monde seraient superflus en la matière. C'est pourquoi je m'abstiens d'en donner.

Toutefois il est un principe dont on ne doit jamais s'écarter; ce principe est celui-ci : Frapper toujours dans le milieu du tambourin et le bras bien étendu sans raideur, sous peine de voir la balle rester en route ou suivre une mauvaise direction.

La pratique prouvera jusqu'à l'évidence la justesse de cette recommandation.

J'ai dit plus haut qu'il était bon d'avoir avec soi deux tambourins pour parer à toute éventualité. Je procède toujours ainsi : le premier de mes tambourins en peau de veau me sert au cas où les balles employées sont lourdes; le second en peau de chèvre me sert dans le cas contraire. Je me suis toujours bien trouvé de cette précaution.

Un dernier mot.

Les balles employées à Paris, pour le jeu de tambourin simple, sont en caoutchouc, elles ont environ 5 centimètres de diamètre et pèsent de 50 à 70 grammes. Pour la paume, elles sont un peu plus petites et plus légères. L'important est qu'elles rebondissent bien.

N. B. — Ces conseils pratiques nous sont communiqués par M. Goché.

LES JEUX DE PAUME PICARDS

En Picardie, on désigne sous le nom général de
« jeux de paume » le jeu de paume proprement dit ou
de raquette, le jeu de tamis, le jeu de pelote à la main
nue et enfin le jeu de ballon. La description d'un jeu de
balle à la main sera suffisante pour donner une idée
des autres jeux.

1° *Emplacement du jeu.* — Le terrain réservé aux
joueurs est uni, sans herbe : c'est la « place ». La longueur en est de 70 à 80 mètres ; la largeur ordinairement
de 12 à 15 mètres, c'est-à-dire environ le 1/5 de la longueur. La place est limitée à chaque extrémité et de
chaque côté par une bande de gazon ou par une rigole.

La surface est divisée en deux parties inégales, dont l'une est le double de l'autre. Elles sont séparées par un cordon de couleur ou par une rigole que l'on appelle « corde ». A chaque coin du terrain CDEF se trouvent des poteaux que l'on a désignés sous le nom de « rapports ». Ces poteaux, qui peuvent avoir de 6 à 8 mètres, comprennent donc entre eux les limites du jeu.

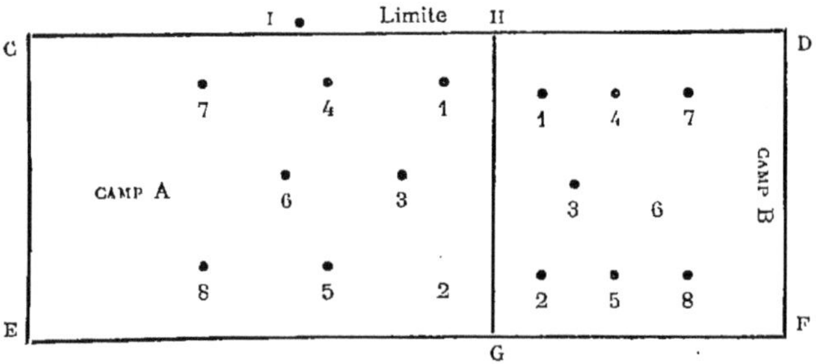

CD, EF, EC, DF, limites — CDEF, rapports. — GH, corde. — I, tireur, H marqueur. — 1 et 2, cordiers. — 3, milieu de corde. — 4 et 5, basses-volées. — 6, foncier. — 7 et 8, hautes-volées.

2° *Position des joueurs*. — Les joueurs sont divisés en deux camps, A et B. Chacun d'eux compte huit hommes placés de la manière suivante : ceux du camp A, qui occupent les numéros 1 et 2, sont placés de chaque côté et assez près de la corde ; le numéro 1 a soin de serrer d'assez près la limite CD afin de ne pas laisser un intervalle qui permettrait à la balle de passer facilement. Au contraire le numéro 2 rentre davantage dans le jeu. Cette disposition s'explique

par la tendance naturelle du livreur (I) à lancer la
balle à sa droite, c'est-à-dire vers la gauche du
camp A. Ces deux joueurs sont ordinairement les plus
faibles, les apprentis; ils ont reçu le nom de cordiers
c'est-à-dire « hommes se tenant près de la corde ».

Le numéro 3 se trouve au milieu du jeu et un peu en
arrière des deux cordiers; il porte le nom de « milieu
de corde ». Ce doit être un homme agile, capable de
renvoyer les coups que son adversaire lui lance dans
les jambes et d'arrêter la balle lorsqu'elle roule à terre.
En arrière et sur le prolongement des deux cordiers se
trouvent deux autres joueurs qui composent la basse-
volée. Celui qui tient le numéro 4 sur la figure occupe
la plus belle place du jeu; c'est là qu'arrivent le plus de
coups et les plus difficiles; aussi l'homme qui s'y trouve
est choisi parmi les plus habiles et les plus adroits.
Enfin le chef du camp, le fort du jeu ou encore foncier
comme on le désigne vulgairement dans nos provinces,
se place au numéro 6 sur le prolongement du milieu de
corde; c'est ordinairement le plus adroit des joueurs,
et c'est de lui et du numéro 5 que dépend généralement
le succès. Le foncier a derrière lui deux autres hommes,
7 et 8, qui composent la haute-volée; il ne leur vient le
plus souvent que les coups perdus, ceux que les autres
joueurs n'ont pu arrêter.

De l'autre côté, dans le camp B, les joueurs sont
placés absolument de la même manière; cependant il
y a une remarque à faire : celui qui lance la balle et
que l'on appelle tireur ou livreur occupe la place
correspondante au foncier du camp opposé.

Il est un homme dont nous n'avons pas encore parlé,
c'est le marqueur. Il est chargé de planter une flèche
sur l'alignement, vis-à-vis de l'endroit où la balle

s'arrête; en d'autres termes, c'est lui qui indique les « chasses établies » dont nous parlerons plus loin. Il se sert de deux fiches de 1^m,50 environ, percées à la partie supérieure d'un certain nombre de trous destinés à marquer les jeux à l'aide d'une cheville. Dans beaucoup d'endroits, on se sert de petites tiges en fer de 0^m,20 tout au plus, portant l'une une houppe de laine rouge et l'autre une houppe de laine blanche ou bleue. Mais, avec ces sortes de fiches, on ne peut pas indiquer le nombre des jeux gagnés par chacun des camps. D'un autre côté, elles présentent un avantage sur les fiches en bois. Avec celles-ci on est forcé, vu leur longueur, de les planter perpendiculairement au sol, le long de la limite du jeu et en face de l'endroit où s'est arrêtée la balle; aussi le marqueur qui n'y prend pas garde peut mettre la chasse tantôt trop haute, tantôt trop basse, ce qui occasionne des discussions. Au contraire, avec les autres, on marque les chasses à l'endroit même où la balle s'est arrêtée; on ne gêne pas les joueurs et il ne peut pas y avoir d'erreur.

3° *Matériel nécessaire.* — Le matériel nécessaire est différent suivant les jeux. Pour le jeu de balle, on se sert simplement d'une pelote de 0^m,07 de diamètre faite en laine et recouverte d'une enveloppe de cuir. Le jeu de tamis comporte un tamis en soie, des balles très dures qui coûtent assez cher et des gants de cuir dur dont le prix varie de 6 à 8 francs. Pour le jeu de ballon, on se sert d'une vessie recouverte d'une enveloppe de cuir que l'on gonfle au moment de jouer. Dans le jeu de paume ordinaire, la balle est en liège; ses dimensions sont un peu plus grandes que celles de la pelote. Les joueurs se servent d'une raquette pour lancer et renvoyer la balle. Cette raquette n'est autre chose qu'un cadre de bois à treillis de corde, de forme ovalaire, muni d'un long manche.

Tel est succinctement le matériel que comporte chacun des jeux de paume.

LA PAUME AU TAMIS

La règle, telle que nous la donnons ci-après, nous a été adressée de l'École normale d'Amiens.

Le jeu de tamis est, avec les jeux de balle et de ballon, une variété du jeu de paume. Il est ainsi appelé de ce que, pour le jouer, on se sert d'un tamis dont le tissu est en crin très solide, porté sur un trépied en fer, de façon à le fixer en terre; des vis au nombre de trois y sont adaptées et disposées de manière à pouvoir bander ou débander le tamis à volonté (si le tamis est en boyaux de chat, les vis sont superflues).

Le jeu de tamis se joue avec une balle très dure, formée de plâtre et d'écailles d'œufs gâchés en une sorte de mortier presque solide ; ce mortier est empaqueté dans des chiffons que l'on maintient avec du fil résistant. Pour lui donner une forme parfaitement sphérique, la balle ainsi obtenue est roulée dans tous les sens sur une table, à l'aide d'une planchette que l'on tient à la main ; puis elle est séchée et recouverte d'une enveloppe en cuir de mouton ; elle atteint alors un diamètre de 3 centimètres environ.

Comme on le conçoit aisément, la balle ainsi obtenue est très dure. Aussi, pour jouer, porte-t-on à la main un gant ordinaire, auquel on a adapté une plaque épaisse de cuir battu courbée dans sa partie supérieure et d'une longueur de 25 à 30 centimètres sur une largeur de 12 à 15 centimètres.

Ainsi que les autres jeux de balle, le jeu de tamis demande un emplacement très uni, bien tassé à l'aide d'un rouleau en fonte. Cette place, que l'on désigne du nom même du jeu, atteint une longueur moyenne de 45 à 60 mètres, sur une largeur de 8 à 10 mètres. Ces dimensions sont très variables et dépendent du terrain dont on dispose. Le jeu de tamis est délimité très exactement, soit par une ligne de gazon, soit par de petites rigoles. Dans le sens de la longueur, on les appelle lices ; dans le sens de la largeur, on les désigne sous le nom de rapports. Enfin le jeu est divisé en deux parties souvent égales par une autre rigole appelée corde, de sorte que les joueurs forment deux camps opposés, se faisant face.

Pour faire une partie complète, les joueurs doivent être au nombre de seize, soit huit dans chaque camp. Chaque joueur a sa place dans le jeu et porte un nom particulier. Les deux qui se trouvent près de la corde et de la lice en même temps portent le nom de cordiers ; un peu en arrière des cordiers et dans le milieu

du jeu, se place le milieu de corde; le long de la lice,
à égale distance de la corde et du rapport, se mettent
les basses-volées; derrière eux et dans le milieu du
jeu est la place du fort du jeu; enfin, près du rapport,
se mettent deux autres joueurs désignés sous le nom
de « ramasse-balles » ou de « coups-perdus ». Mais
ces deux derniers joueurs n'interviennent pour ainsi
dire que comme figurants; aussi, dans bon nombre de
parties, n'y a-t-il pas de coups-perdus, le fort du jeu
et les basses-volées se contentant de descendre quelque
peu sur le rapport, afin de garnir le jeu.

On vient de dire que la partie, pour être complète,
doit se composer de seize joueurs. Mais un rôle important est celui du marqueur, qui circule le long et en
dehors de la lice et, à l'aide de cannes en bois ferré,
est chargé de marquer les chasses et de rappeler le
jeu le plus souvent possible. Dans beaucoup de parties,
le marqueur est payé par les joueurs, et c'est lui qui a
la garde du tamis.

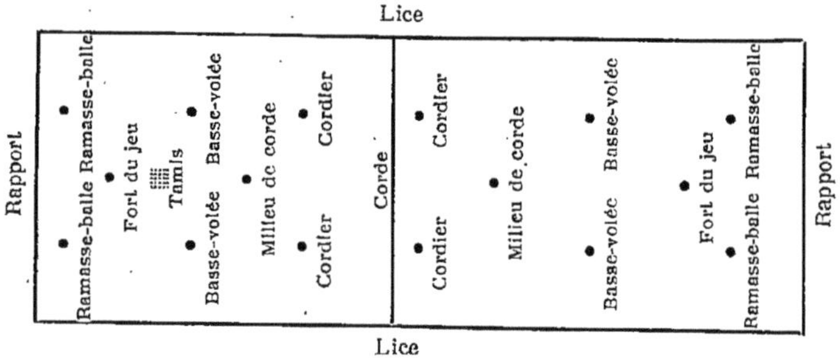

Voyons maintenant en quoi consiste le jeu.

La partie se compose d'autant de jeux qu'il y a de
joueurs dans chaque camp; s'il y en a huit, la partie
est en huit jeux; s'il n'y en a que six, la partie est en
six jeux.

Les joueurs étant placés ainsi que je l'ai dit plus haut, et le tamis fixé en terre à peu près aux trois quarts de la distance comprise entre le rapport et la corde, l'un des joueurs livre. Se plaçant à quelques pas et en arrière du tamis, il s'élance, laisse tomber la balle sur le tamis, et, la prenant au bond, la lance le plus adroitement possible vers le camp opposé. Celui-ci cherche à la renvoyer dans l'autre camp, par-dessus même s'il est possible ; la balle peut ainsi être pelotée et renvoyée de camp en camp, jusqu'à ce que l'un des joueurs la pelote par-dessus ou la mette dehors. Il peut encore arriver que la balle en tombant dans le jeu traverse la lice et roule hors du jeu, ou bien encore qu'elle reste dans le jeu ; on marque alors ce qu'on nomme une chasse, à l'endroit où la balle a coupé la lice ou en face de celui où elle a été arrêtée. Quand on a établi ainsi deux chasses, le camp opposé « traverse » et va prendre la place de ses adversaires qui en font autant. Ceux-là livrent à leur tour dans le but de gagner les chasses ; or, comme chaque camp a tout intérêt à gagner, chacun s'efforce de renvoyer la balle toujours au delà de la chasse, de façon qu'elle ne puisse être renvoyée par les joueurs opposés.

Le jeu ne consiste pas seulement dans l'établissement et le gain des chasses ; on compte aussi des quinze comme on dit, c'est-à-dire qu'à chaque coup mal joué le camp opposé compte quinze. Remarquons que, dans ce jeu, deux quinze font trente, mais que trois quinze font quarante ; en outre, on ne compte pas le quatrième quinze, car il donne le jeu à la partie qui devrait le compter.

Voyons dans quels cas on compte les quinze :

1° Le joueur peut, en livrant, envoyer sa balle en

« dessous » comme on dit, c'est-à-dire en deçà de la corde, ou encore la mettre dehors ; dans chacun de ces cas, la partie adverse compte quinze, si bien qu'un mauvais joueur peut perdre son jeu « sur le tamis » ; il suffit pour cela qu'il donne quatre quinze au camp opposé.

2° Si le livreur peut faire des quinze à son désavantage, il en peut faire aussi à son avantage ; chaque balle livrée qui passe par-dessus le rapport, sans être renvoyée par l'autre camp, donne quinze au livreur ; c'est ce que l'on nomme un par-dessus.

3° Toute chasse gagnée donne quinze au camp qui la gagne.

4° Tout joueur qui met sa balle hors du jeu donne quinze à l'autre camp.

5° Tout joueur qui involontairement conserve la balle sur soi, en voulant la renvoyer, donne quinze à la partie adverse ; cependant, dans certaines parties, on a l'habitude de faire de cette maladresse une chasse, en la marquant à l'endroit où se trouve le joueur ; c'est alors ce qu'on nomme une « chasse à l'homme ».

6° Toute balle touchée par deux joueurs du même camp donne quinze au camp opposé.

Voici comment se compte le jeu :

L'un des deux camps livre de façon à établir deux chasses. Il arrive souvent que, avant que les chasses soient établies, l'un ou l'autre camp, tous deux même, ont des quinze, soit pour des balles mal livrées, ou mal rechassées. Une fois les deux chasses établies, les joueurs traversent, et le camp opposé cherche, soit par le « livrage », soit par le « rachat », à gagner les deux chasses.

Il peut arriver qu'après le gain de ces deux chasses

il y ait un camp qui ait quarante, tandis que l'autre
a trente, même quinze ; on dit qu'il a « l'avantage ». Les
joueurs traversent encore, mais on n'établit plus
qu'une chasse, que l'on nomme « chasse du jeu » ; si
l'autre partie la gagne, elle a quarante, et l'on dit qu'on
est « à deux » ; on traverse de nouveau, et l'on établit
deux chasses. Si chaque camp en gagne une, on est
encore à deux et l'on recommence à établir deux
chasses et, par conséquent, le jeu, à moins qu'on ne
fasse un quinze, qui donnerait alors l'avantage au camp
qui en bénéficierait.

Il peut arriver que la partie qui a l'avantage gagne
le jeu sans avoir besoin d'établir de chasse ; il suffit
que l'autre camp lui donne un quinze par un « dehors »
ou un « dessous ».

Il en est de même quand on est à deux : on peut
n'avoir pas besoin d'établir de chasse ; il suffit que
l'une des deux parties donne deux quinze à l'autre ; si
elle n'en donne qu'un, celle qui en bénéficie a l'avantage et l'on joue comme il est dit plus haut.

REMARQUES PARTICULIÈRES

Pour le tirage, on suit l'ordre suivant : d'abord le
fort du jeu, puis viennent le milieu de corde, les basses-
volées, les cordiers et enfin les coups-perdus ; le fort
du jeu d'un camp livre contre le fort du jeu de l'autre,
et ainsi de suite.

Les chasses doivent être marquées exactement sur la
lice, et non en dedans ou en dehors du jeu, afin d'éviter
toute contestation.

On peut peloter une balle du premier bond, mais non
du second.

Une balle qui tombe sur la lice donne parfois matière
à discussion ; car on peut se demander si elle est
tombée dans le jeu, en dehors ou sur la lice. Pour les
deux premiers cas, c'est affaire d'appréciation ; mais
pour le troisième, surtout si c'est une petite rigole qui
sert de lice, on a reconnu qu'une balle est dehors si
elle rentre dans le jeu, bonne si elle en sort.

RÈGLES DU JEU DE PELOTE

Les règles du jeu sont sensiblement les mêmes pour tous les jeux de paume. Nous ne parlerons que du jeu de pelote qui se joue avec un matériel très simple et qui est le plus répandu.

I. — Toute balle lancée par le tireur en deçà de la corde donne quinze points aux adversaires. Il en est de même d'une balle lancée en dehors des limites du jeu.

II. — Tout joueur qui renvoie la balle hors des limites du jeu fait perdre quinze points à son camp. Il en est de même du cas où un joueur touche deux fois la pelote pour la renvoyer, ou s'il en frappe un de ses partenaires.

III. — Toute pelote qui dépasse les rapports donne quinze points au camp opposé à ses rapports.

Une partie se joue généralement en huit jeux : chaque jeu comprend soixante points ; nous verrons plus loin que les jeux peuvent néanmoins dépasser cette limite. On compte toujours par quinze points.

Les joueurs de chaque camp sont à leurs places. Le sort a désigné le camp qui doit commencer à tirer ou livrer, B par exemple. Un des joueurs tire et, quel que soit l'endroit où la balle s'arrête, le marqueur plante une fiche en face de la corde; c'est la première chasse ou chasse à la corde. On commence donc toujours une partie par établir une chasse, quand même le tireur lancerait la pelote au-dessous de la corde ou en dehors du jeu. Le tireur lance alors une seconde fois sa pelote en prévenant ses adversaires par un mouvement du bras ou par le mot : « Balle! » Ceux-ci s'efforcent de la renvoyer et elle passe d'un camp dans un autre jusqu'au moment où un joueur n'arrive plus à temps pour la lancer avant qu'elle touche terre ou avant qu'elle fasse son second bond. La pelote est arrêtée par les joueurs de l'un ou de l'autre camp, selon le cas; le marqueur s'empresse de se diriger vis-à-vis de l'endroit où la balle a été arrêtée et il plante une de ses fiches sur l'alignement. Il y a alors deux chasses, puisque la première a été placée par convention à la corde. Les joueurs changent de camp pour se les disputer. Un joueur de A tire à son tour; il envoie la balle, s'il est habile, dans les endroits les plus faibles ou les moins gardés; il a tout intérêt à ce qu'elle ne revienne pas. Car, si, après avoir été pelotée un certain nombre de fois, un joueur de B la renvoyait définitivement au delà de la première chasse établie, celui-ci ferait gagner quinze points à ses partenaires.

La première chasse étant jouée, on procède à la

seconde de la même manière, puis on établit deux autres chasses.

Examinons les divers cas qui peuvent se présenter :

1° Le camp B a gagné les deux chasses ; il possède trente points et le camp A n'en possède pas. Deux autres chasses sont établies : le même camp les gagne encore. Il a soixante points et le jeu est fini.

2° Chaque camp gagne une chasse au début ; il se trouve donc en possession de quinze points ; mais B remporte les deux chasses suivantes : il a alors quarante-cinq points et A quinze seulement. Dans ce cas, une seule chasse, appelée « chasse au jeu », est établie. B la gagne et le jeu est terminé.

3° Chaque camp possède trente points. On établit deux chasses. B les gagne et le jeu est fini.

4° L'un des camps, B par exemple, a quarante-cinq points et l'autre en a trente. Comme dans le deuxième cas, on établit une seule chasse. B la remporte et le jeu est fait.

5° Chaque camp a quarante-cinq points ; alors on continue de jouer jusqu'à soixante-quinze points. Deux chasses sont donc établies. B les remporte et le jeu est fini.

6° Les camps ont, comme précédemment, quarante-cinq points. Deux chasses sont établies et jouées ; mais elles sont partagées et le jeu n'est pas plus avancé que précédemment ; les camps ont encore quarante-cinq points et l'on continue d'établir et de jouer des chasses jusqu'au moment où l'un des camps arrive à posséder soixante-cinq points. C'est pourquoi certains jeux peuvent être disputés pendant une demi-heure et plus.

Nous avons supposé que la pelote tombait toujours dans les limites du jeu ; il n'en est pas toujours ainsi, et il arrive quelquefois qu'un jeu tout entier se trouve fait sans qu'il ait été établi de chasse, soit parce que le tireur a mis au-dessous de la corde ou en dehors du jeu.

Les jeux de pelote sont très répandus dans l'Aisne, dans le Pas-de-Calais, dans le Nord et particulièrement en Picardie. Chaque année des concours ont lieu où sont invités les joueurs de quinze, vingt, trente et même quarante communes. Les prix ont souvent une assez grande valeur, mais c'est surtout pour avoir l'honneur de vaincre que ces joueurs se déplacent parfois de six ou sept lieues.

Partout où existent ces jeux, les municipalités se font un plaisir de voter chaque année, au 14 juillet et à la fête communale, une certaine somme pour l'achat des prix.

Quelques instituteurs sont de fort bons joueurs. A Amiens, il existe une partie de tamis composée presque exclusivement d'instituteurs adjoints. Elle est assez redoutable, bien qu'inférieure à celle d'Englebelmer.

LES JEUX DE PAUME BASQUES

Les parties de paume basques se jouent entre deux camps dont chacun est composé d'un ou de plusieurs joueurs.

Il y a deux sortes de jeux de paume : le jeu de *blaid* et le jeu de *rebot*.

Du jeu de blaid. — Au jeu de *blaid*, la balle doit être toujours repoussée de la volée ou du premier bond; elle doit à chaque coup toucher le mur du rebot au-dessus d'une ligne horizontale, tracée à 80 centimètres environ du sol, et retomber dans l'espace compris entre les limites de la place : ces limites sont les côtés ou les lignes DC, CB, BA, A'B', B'C', C'D'; le carré

BAA'B' est la surface pavée ou l'intérieur du rebot; le mur du rebot s'élève sur le côté AA'.

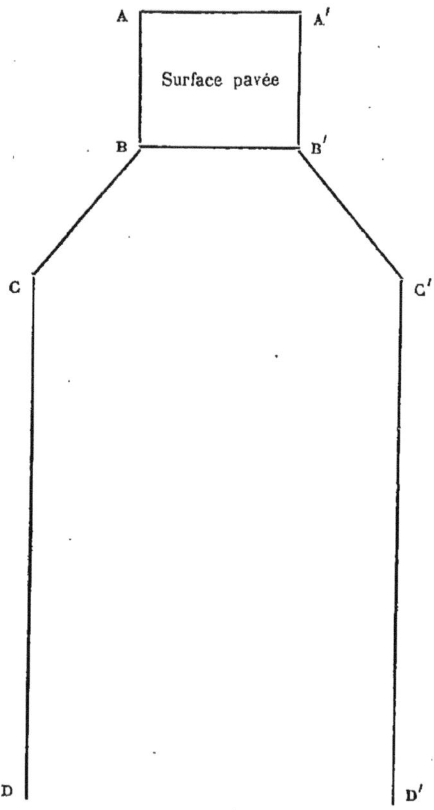

Le « but » est le coup de balle qui commence la lutte entre les joueurs pour gagner un point; il consiste à faire bondir la balle sur un point de la surface BAA'B', à la lancer contre le mur de manière à lui faire dépasser la ligne BB'; en dehors du but, les joueurs ne sont pas tenus de faire franchir cette limite à la balle : ils peuvent la faire tomber en dedans ou en dehors, mais toujours dans l'intérieur des limites de la place.

Lorsque la balle repoussée par un joueur touche son adversaire avant d'arriver au mur, le coup est nul, il faut le recommencer; mais, si elle frappe un partenaire du joueur, les adversaires gagnent le point.

Au jeu de blaid, on peut compter par points ou par joueurs.

Le premier mode ne présente aucune difficulté et doit être préféré : les joueurs de chaque parti comptent les points au fur et à mesure qu'ils les font.

Quand on suit ce mode, chaque fois que le buteur perd le point, il doit passer le but à son adversaire.

Du jeu de rebot. — Au jeu de *rebot*, qui occupe la place sur une longueur de 80 à 100 mètres et même davantage quelquefois, les joueurs des deux camps se font face. La place présente aussi une disposition particulière: à 25 ou 30 mètres du rebot, elle est partagée en deux par une ligne MM' (fig. 2) parallèle au mur du rebot; au milieu de cette ligne est placée une pierre de taille, servant de butoir. Cette ligne, qui sépare les deux camps, est la limite que des deux côtés les joueurs doivent faire franchir à la balle.

Au but, la balle lancée du butoir vers le rebot doit faire le premier bond dans l'intérieur de la surface pavée AA'BB', soit avant de frapper le mur du rebot, soit après l'avoir touché, et c'est de ce premier bond que le joueur placé au rebot doit la repousser.

Il n'est pas inutile de faire remarquer qu'au jeu de rebot la ligne horizontale tracée dans le mur pour le jeu de blaid est considérée comme n'existant pas.

Chaque fois que le buteur ou ses partenaires manquent la balle ou ne réussissent pas à lui faire franchir la ligne MM', le camp adverse gagne le point. Lorsque le joueur placé au rebot ou ses partenaires laissent la balle dans l'espace MCBB'C'M', le point n'est gagné par aucun des camps.

On joue les parties en un certain nombre de points : en vingt, en trente, en quarante, etc., et celui des deux camps qui le premier réunit ce nombre gagne la partie.

Le mode de compter par jeux est plus compliqué.

On appelle jeu la réunion de quatre points. Ces points ont chacun une dénomination particulière : le premier est un quinze ; la réunion de deux points s'appelle trente ; trois points réunis font quarante : le but passe au camp adverse, qui le garde jusqu'à ce que l'un des deux ait fait un nouveau quarante.

Lorsque les deux camps réunis ont chacun un point, on dit qu'ils sont quinze à ; lorsqu'ils ont, l'un deux points, l'autre un, ils sont trente à quinze ; si l'un a trois points et l'autre un ou deux, ils sont quarante à quinze ou quarante à deux. Lorsque, dans le cours du jeu, l'un des camps ayant fait quarante est égalé par l'autre, ils perdent un point chacun et reviennent à deux ; ils ont alors besoin l'un et l'autre de deux autres points pour achever le jeu. Enfin, quand l'un a fait le jeu, tous les points faits par l'autre dans le cours de ce jeu sont annulés, et le jeu suivant commence.

Cette manière de compter n'est guère en usage que pour le jeu de rebot.

Dans ce cas on marque l'endroit où la balle s'est arrêtée : c'est ce que l'on appelle une chasse ; mais, si la balle ne s'arrête qu'après avoir dépassé la ligne brisée CBB'C', le camp du buteur gagne le point.

Au jeu de rebot, on compte par jeux comme il a été expliqué plus haut.

On appelle « passo » un point gagné par l'un des camps.

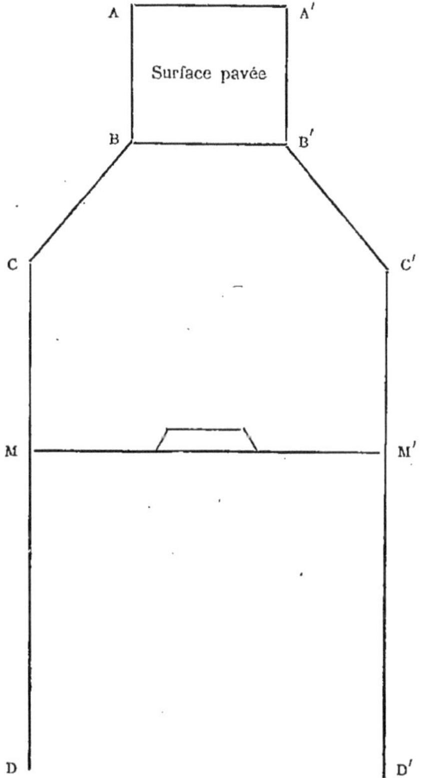

On appelle chasse, comme il a été déjà dit, le point auquel la balle s'est arrêtée ou a été arrêtée dans le polygone MCBB'C'M'; en dehors de cet espace il n'y a pas de chasse possible.

Les changements de place entre les deux camps sont provoqués par les chasses.

Une chasse, lorsqu'elle vient d'être faite, n'est un point gagné pour aucun des partis ; c'est une limite qu'il faudra faire dépasser à la balle après que le changement de place entre les deux camps aura eu lieu.

Quand une chasse est faite, il faut en marquer l'endroit avec un objet apparent, tel qu'un rameau de chêne, qu'il ne faudra ramasser que lorsque la chasse aura été enlevée, c'est-à-dire gagnée.

Après deux chasses, les joueurs changent de place dès que la seconde chasse est faite ; mais, s'il n'y en a qu'une, ce changement ne doit avoir lieu qu'après avoir réuni quarante dans l'un des deux camps.

Il a été dit plus haut que les chasses ne sont pas des points gagnés, mais des limites plus ou moins rapprochées du rebot et qu'il faut faire dépasser à la balle pour gagner le point. Dès que les joueurs ont changé de place, la lutte pour enlever la première chasse commence : le joueur placé au rebot et ses partenaires ne doivent pas alors chercher à faire franchir à la balle la ligne du butoir, mais seulement celle qui partirait de la chasse, parallèlement à la ligne du butoir. Les joueurs du camp adverse, de leur côté, ne se contenteront pas de repousser la balle vers un point quelconque au-dessus de la ligne du butoir : ils devront la faire arriver plus loin que la chasse ; les uns et les autres agiront de même pour enlever la seconde chasse lorsqu'elle existe.

Les joueurs qui les premiers réunissent le nombre de jeux fixé — huit, dix, douze ou treize — gagnent la partie.

Tant que la balle n'aura pas franchi la ligne du butoir ou celle qui partirait de la chasse parallèlement à cette ligne, elle peut être arrêtée à la volée, au pre-

mier bond et même après qu'elle aura bondi plusieurs
fois : dans tous les cas, elle doit être repoussée de la
volée ou du premier bond.

Pour faire une balle, on prend une petite pelote de
caoutchouc bien ronde, sur laquelle on enroule des
morceaux de soie usée ou de la laine filée qu'il faut
avoir soin de bien serrer; on passe un peu de fil de
coton par-dessus, et on coud la balle ainsi faite en faisant passer une longue aiguille de part en part, mais
sans toucher la pelote de caoutchouc : on la couvre
ensuite avec du cuir bien souple.

Le dedans (Vue intérieure).

LA COURTE PAUME

La courte paume diffère de la longue paume en ce qu'elle se pratique à couvert et dans un espace clos.

Les jeux de courte paume forment un parallélogramme entouré de murs et ayant au moins 7 mètres de hauteur. Pour qu'un jeu de courte paume soit dans de bonnes proportions, il convient qu'il ait 28ᵐ,50 de long, 9ᵐ,50 de large. Il doit être pavé en carreaux très unis dits pierres de Caen.

Il y avait autrefois deux sortes de jeux : l'un se nommait jeu carré, l'autre jeu du dedans et du tambour. Le premier a été abandonné.

Dans un jeu de dedans, il règne, le long du mur de la

galerie transversale et des deux murs en largeur, un toit en planches unies et jointes les unes aux autres. Ce toit est soutenu par des piliers en bois ou colonnes en fer établis sur de petits murs de trois pieds et demi de hauteur. Ces petits murs, qu'on appelle murs de batterie, s'étendent dans toute la longueur des « ouverts ».

Ces ouverts sont les espaces qu'on remarque entre le toit et les batteries : on les garnit d'un filet pour empêcher que les spectateurs ne reçoivent des coups de balle. On dit : ouvert du premier, de la porte, du second, du dernier.

Le joueur qui envoie les balles dans ces ouvertures forme des chasses.

Le « dedans » est une ouverture qui règne au-dessous et presque dans toute la longueur du toit opposé à celui du service. Quand un joueur placé du côté du service fait entrer une balle dans cette ouverture, on dit qu'il a fait un coup de dedans, et il gagne quinze.

C'est par cette ouverture et par le toit qui la surmonte qu'on distingue particulièrement le jeu de dedans du jeu de carré.

Si, en entrant dans un jeu de dedans, on tourne à gauche, on regarde le toit du service et, de l'autre côté, le toit du dedans ; le mur de batterie qui soutient ce dernier toit se nomme batterie du dedans.

Dans le jeu de dedans comme dans celui de carré, il y a une ouverture appelée grille. Elle est située au bout du toit de service, derrière le tambour.

Le joueur qui, se trouvant placé du côté du service, fait entrer sa balle dans cette grille gagne quinze, et l'on dit qu'il a fait un coup de grille.

Dans le jeu de dedans, il y a le tambour. Ce tambour est un double mur adossé contre le grand mur du côté de la grille, dont il est éloigné de dix pieds. Il forme, dans le jeu, une avance d'un pied et demi de largeur.

La longueur de tous les jeux de paume est partagée par une corde et un filet, attachés, d'un côté, au poteau du premier ouvert, et, de l'autre côté, à un anneau plombé contre le mur. On tend plus ou moins cette

Vue prise du côté du dedans.

A. Mur du toit.
B. Grand mur.
C. Mur de service.
D. Entrée.
E. Première galerie.
F. Porte.
G. Seconde galerie.
H. Dernière galerie.
I. Toit du service.
J. Batterie du service.
K. Grille.
L. Tambour.
M. Ligne de jeu.
N. Côté du dedans.
O. Filet.
P. Grand toit.

corde par le moyen d'un levier. On appelle « mettre dessus » quand la balle qu'on pousse ou qu'on relève avec la raquette passe par-dessus cette corde. Et l'on dit que le joueur « a mis dessous » lorsque la balle qu'il a poussée ou relevée a été arrêtée par la corde ou le filet, et alors il perd quinze.

Les entrées du jeu de paume sont situées de chaque

côté de la corde, et c'est là que se placent les marqueurs pour compter les parties.

Les plafonds des jeux de paume sont plus ou moins élevés et soutenus par des piliers établis sur le haut des contre-murs : ces jeux sont éclairés par des ouvertures pratiquées entre les piliers dont on vient de parler. Ces ouvertures sont garnies de filets ou de grillages, afin que les balles portées à cette hauteur par les joueurs ne se perdent pas. Quand il arrive que dans une partie un joueur envoie la balle dans ces filets, il perd quinze. La balle qui touche le plafond perd quinze.

DES BALLES ET DES RAQUETTES

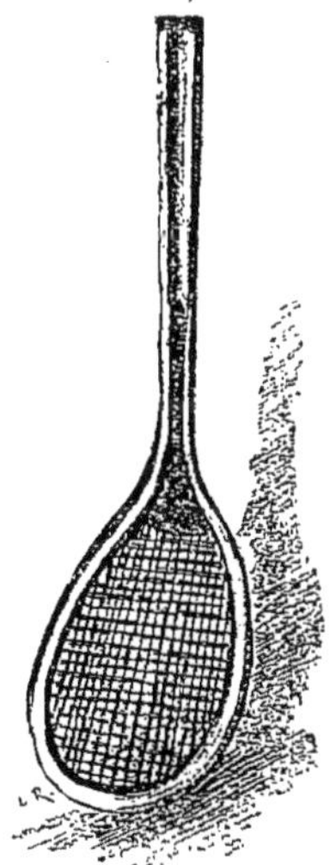

La raquette.

Les balles sont de petites pelotes faites de rognures d'étoffes et recouvertes de drap blanc. Pour en maintenir la blancheur, les garçons paumiers les font rouler dans de grands sacs de peau remplis de plâtre.

Quant aux raquettes dont on se sert pour chasser la balle, elles sont faites de bois courbé et garni de cordes à boyaux tendues en long et en travers : les deux bouts de l'armature du bois, étant attachés ensemble et couverts d'une peau, forment le manche de la raquette.

En termes de paume, on appelle un des côtés de la raquette les « droits » et l'autre les « nœuds ».

Pour manier convenablement la raquette, le joueur doit la tenir un peu de côté afin qu'il puisse atteindre avec aisance la balle, soit d'avant-main, soit d'arrière-main. Pour les coups d'avant-main, on emploie les côtés des droits de la raquette et, pour ceux d'arrière-main, le côté des nœuds.

On dit d'un joueur qu'il a un beau coup d'avant-main ou d'arrière-main, une bonne volée, une bonne demi-volée.

On appelle « couper la balle » l'action de la pousser du poignet en tenant la raquette un peu horizontalement. Cette manière de frapper la balle, lui communiquant un mouvement plus rapide, en rend les bonds moins étendus, ce qui fait qu'elle est difficile à relever. On dit en ce sens qu'un joueur coupe bien la balle.

DE LA PARTIE

La partie consiste ordinairement en huit jeux et quelquefois en six. Chaque jeu se divise en soixante points, qui se comptent par quinze. Ainsi un joueur perd quinze points ou les gagne toutes les fois qu'il y a lieu à compter.

Il perd quinze :

1° Quand il ne relève pas la balle du côté du service ;

2° Quand il ne tire pas une chasse avec justesse ;

3° Lorsqu'il met dessous la corde ou au haut des filets, au-dessus des murs.

Au contraire, un joueur gagne quinze :

1° Lorsque, malgré son adversaire, il a tiré une chasse avec précision ;

2° Quand il fait entrer sa balle au dedans, ou dans la grille, ou dans le dernier ouvert du côté de la grille.

Quand deux joueurs gagnent chacun quinze alternativement, le marqueur annonce quinze à ..., puis trente
pour le joueur qui gagne le quinze suivant, ensuite
quarante-cinq pour le troisième quinze, et, s'il gagne
de même un quatrième quinze, le marqueur annonce le
jeu pour lui et le marque ; mais, si les deux joueurs
gagnent tour à tour un quinze, le marqueur annonce le
jeu quinze à ..., trente à ... et, s'ils arrivent tous deux
au nombre de quarante-cinq, le marqueur annonce
alors qu'ils sont à deux, en sorte que le premier qui
vient à gagner le quinze suivant a l'avantage ; mais, s'il
fait une faute, il retourne à deux, et cela continue ainsi
jusqu'à ce qu'un des joueurs ait pris deux quinze pour
avoir le jeu.

On dit que les joueurs sont à deux des jeux lorsque,
dans les parties composées de huit jeux, ils ont pris
chacun sept jeux, ou chacun cinq dans les parties de
six jeux. Il faut alors qu'un des deux joueurs prenne
deux jeux de suite pour gagner la partie, attendu qu'un
seul jeu lui donne seulement l'avantage.

Le moindre avantage qu'un joueur puisse faire à un
autre, c'est de lui donner une bisque, qui vaut quinze.
Il y avait autrefois le bisquon, qui donnait seulement le
droit de rendre une chasse nulle. Il n'est plus en
usage. Le joueur qui reçoit bisque peut l'employer à
son profit dans le cours de la partie. Quand on dit
qu'un joueur rend à l'autre demi-quinze, cela signifie
quinze sur un jeu et rien sur le suivant ; ou qu'il
rend demi-trente, cela signifie quinze sur un jeu et
trente sur le suivant. Outre ces avantages, le joueur le
plus faible reçoit plusieurs bisques : on dit alors qu'un
tel joueur rend à un autre demi-quinze et deux bisques
ou quinze et bisque, etc.

Le joueur qui sert est toujours placé du côté du
dedans, où il prend les balles dans un panier posé sur
la batterie du dedans ou celle du dernier et les fait
rouler sur le toit pour les renvoyer à son adversaire.
Les balles qui n'ont pas été relevées ou qui ont fait
leur effet sur les carreaux, tant en gain qu'en perte

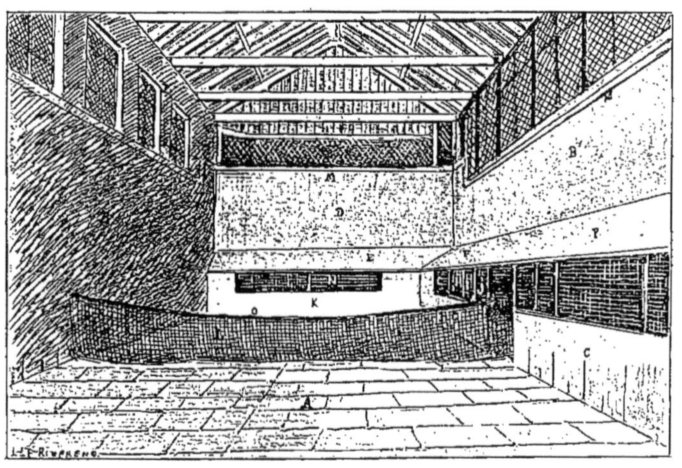

Vue prise du côté du service.

A. Côté gauche ou du service.	F. Grand toit.	K. Batterie du dedans.
B. Grand mur.	G. Ouvert du dernier.	L. Filet.
C. Murs de batterie.	H. — du second.	M. Ligne de jeu.
D. Mur du fond.	I. — de la porte.	N. Dedans.
E. Toit du dedans.	J. — du premier.	O. Corde.

pour les joueurs, sont arrêtées sous la corde du
milieu et l'un des garçons de paume les ramasse pour
les remettre dans le panier.

Aux parties de quatre, les joueurs qui reçoivent le
service se nomment les « premiers » et ceux qui servent,
« les seconds ». On dit, en ce sens, qu'un tel joueur
« prime » et que tel autre « seconde ».

Quand deux joueurs se renvoient les balles sans
faire de partie, on dit qu'ils « pelotent ». On appelle

« faire des restes » jouer en huit jeux : on compte alors par points au lieu de compter par quinze.

Celui qui donne le bon côté, c'est-à-dire qui est du côté du service, a un grand désavantage ; on estime à force égale que cela vaut trois points. Pour le reste, tous les coups comptent, de part et d'autre, qui entrent dans la raie du dernier. Ils gagnent le point s'ils ne sont pas relevés.

DES CHASSES

On a vu que le sol d'un jeu de courte paume est pavé en carreaux et que le milieu du jeu est partagé transversalement par une corde et un filet qui le divisent en deux parties, l'une appelée côté du dedans et l'autre côté de la grille et du tambour.

Les lignes et l'espace d'un carreau à un autre fixent les chasses. Ces lignes sont marquées sur le carreau en noir : elles aboutissent d'un côté au grand mur et de l'autre côté au mur des batteries, où elles sont numérotées en couleur. La balle est désignée « faire chasse » dans l'endroit du carreau qu'elle a frappé au premier bond. On dit chasse demi-carreau, un carreau, deux carreaux, etc., jusqu'au nombre quatorze, après lesquelles sont tracées les lignes du dernier, du second, de la porte et du premier ouvert. Dans le jeu de dedans, les chasses sont toujours marquées sur la ligne du carreau le plus près de la batterie du dedans.

Ces principales chasses sont établies du côté du dedans, à droite du jeu de paume, attendu que du côté de la grille, qui est la partie à gauche du jeu, il n'y a point de courte chasse de marquée sur les carreaux ;

il y a seulement de ce côté du jeu, comme de l'autre, des raies transversales traversées en noir sur la ligne des carreaux : elles sont parallèles aux ouverts et la chute de la balle y forme chasse ou fait perdre quinze au joueur qui ne la relève pas, surtout quand elle a

Joueur coupant la balle
d'avant-main.
Le dedans et son toit.

outrepassé la raie du dernier. A l'égard de la balle qui n'a pas été poussée avec assez de force pour outrepasser du côté du service la raie du dernier, elle forme chasse vers le jeu : il en est de même de la balle qui, ayant frappé le mur du fond, revient au premier bond retomber en dehors de cette raie.

On dit que la chasse est « à retirer » quand la balle est tombée sur le carreau ou à l'endroit où la chasse était marquée. Il faut donc recommencer le coup.

Une autre combinaison du jeu consiste en ce qu'une balle qui entre dans l'ouvert du dernier, du côté du dedans, n'y forme qu'une chasse, tandis qu'un joueur qui, du côté du dedans, fait entrer une balle dans l'ouvert du dernier côté du service gagne un quinze, comme s'il avait fait un coup de grille. C'est le seul de tous les ouverts du côté du grand toit qui donne cet avantage.

Le long d'un des grands murs du jeu règne, comme il a été dit, un toit incliné soutenu par des poteaux dont les intervalles forment les ouverts; c'est sur le grand toit et sur celui qui, par un retour à angle droit, communique à la grille que le joueur placé du côté du dedans envoie le service à son adversaire. On peut appeler les toits du service la partie des toits qui est située à la partie gauche du jeu, et le mur par lequel est soutenu le toit en retour qui communique à la grille peut être appelé le mur du service. L'un des joueurs prend des balles qui sont dans un panier et les envoie sur les toits. L'autre joueur, qui est du côté opposé et qui reçoit le service, doit, par le mouvement imprimé à la balle, juger de l'effet qu'elle fera en retombant du toit sur les carreaux : alors il la renvoie, soit avant qu'elle porte contre le mur de service, soit après qu'elle y a porté, ou bien après l'avoir prise de volée à la descente du toit. Le joueur auquel la balle est ainsi renvoyée doit à son tour la juger et la renvoyer encore à son adversaire, et les deux joueurs continuent de même jusqu'à ce qu'il y en ait un qui n'ait pas pu relever ni renvoyer la balle.

Il y a près de la grille une raie qu'on appelle la raie de passe; le service est à remettre quand la balle, près avoir roulé sur les deux toits, dépasse cette raie.

Tout joueur qui met dessous, soit en prenant le service, soit en relevant la balle ou de quelque manière que ce soit, perd quinze. Les coups qu'on regarde comme les mieux joués sont ceux par lesquels la balle s'élève dans sa course, le moins qu'il est possible, au-dessus de la corde du milieu du jeu. On dit alors que la balle a frisé la corde, qu'elle a passé à fleur de corde. Les joueurs exercés s'attachent à renvoyer la balle dans cette direction, parce qu'elle parcourt plus d'espace en peu de temps et qu'elle est plus difficile à relever, surtout quand ils l'ont coupée; mais, s'il est avantageux de jouer de cette manière, il y a aussi du danger, car elle expose à mettre souvent dessous.

Lorsque, en donnant le service, un joueur a laissé faire deux chasses, il cède la place à son adversaire et il passe où était celui-ci, pour recevoir à son tour le service et tirer ces chasses.

Supposons que l'une de ces chasses soit à trois carreaux et l'autre à quatorze, et que ce soit celle de trois carreaux qu'il faille tirer la première : pour la tirer à son avantage, le joueur doit imprimer à sa balle un tel mouvement qu'elle puisse outrepasser la ligne de trois carreaux; autrement il perdrait la chasse, et tout joueur qui perd une chasse perd quinze.

Il en sera de même pour la chasse à quatorze, si elle n'y arrive pas ou si elle la dépasse après avoir frappé le mur du fond.

Quand un joueur tire la chasse de manière à la gagner, son adversaire doit se porter promptement à la rencontre de la balle, la prévenir de volée ou de demi-volée, ou la relever après son premier bond contre les murs; si le dernier renvoie la balle sans mettre dessous, le premier est à son tour obligé de

juger les effets de la même balle et de la rejouer encore,
afin de parvenir à gagner la chasse. Ainsi l'un attaque
la chasse et l'autre la défend. Cela continue de la
même manière, jusqu'à ce qu'un des deux joueurs fasse
faute et, par conséquent, fasse gagner quinze à son
adversaire.

Il faut remarquer que plus une chasse est courte,
plus elle est difficile à gagner. La raison en est qu'elle
laisse peu d'espace au joueur pour y placer sa balle.
Le moyen qu'emploient souvent les habiles joueurs
pour gagner une chasse courte est de tâcher de faire
entrer la balle dans le dedans malgré leurs adversaires.
Mais on conçoit que, pour réussir dans ces sortes de
coups, il faut être habitué à donner à la balle une direction prompte et juste, car le joueur qui ne remplit pas
son objet perd la chasse et, par conséquent, quinze.

On appelle « chasse au pied » celle dont la balle, dans
la portée du premier bond, est tombée au pied du mur.
Il est nécessaire, pour gagner une telle chasse, que le
joueur fasse un coup de dedans; on pourrait dire que
presque toute la science consiste à envoyer la balle au
fond du jeu, pour faire des chasses à un, deux, trois
carreaux.

DES DIFFÉRENTS SERVICES

On peut distinguer plusieurs sortes de services : le
service « donné » contre le mur du toit, le service
« piqué » ou « pointé », le service « tourné » et le service « roulé », le service « ajusté ».

Le service ajusté contre le grand mur du toit est le
plus usité et se donne de différentes manières. La

balle, frappant le grand mur, tombe obliquement sur le toit et, en retombant sur le pavé, elle suit le mur et vient rapidement sur le joueur.

La balle de service.
Joueur envoyant à la volée.

Le service piqué ou pointé consiste à envoyer la balle sur le toit, comme si on la frappait avec un marteau. Un tel mouvement lui fait suivre par cascades le bord du toit et la fait retomber avec rapidité contre le joueur. On prétend qu'un tel service peut être refusé, surtout quand le premier coup de la balle sur le toit n'a pas outrepassé la corde. Cette règle, qui est celle des anciens, n'est pas toujours observée exactement.

Le service tourné a lieu dans un sens opposé au service piqué et pointé, c'est-à-dire en soulevant en dessous la balle avec la raquette. Cette balle, en retombant du toit, s'approche d'abord du joueur dans sa portée contre le mur et ensuite elle s'éloigne tout à coup de lui. Ce service est celui qui met le plus communément en défaut un joueur encore novice.

Le service roulé consiste à proportionner la jetée de la balle, de manière qu'elle ne puisse presque pas porter contre le mur du fond.

Les services les plus difficiles sont ceux qui, en retombant presque en ligne droite contre le mur, ôtent au joueur la facilité de donner à son coup l'étendue qu'il voudrait.

On appelle service « de pied.» le service par lequel la balle, en tombant du toit, s'amortit au pied du mur et du carreau, sans faire aucun effet. Le joueur qui reçoit un tel service doit, pour en prévenir les inconvénients, tenir sa raquette courte pour être prêt à relever la balle si elle porte.

Au surplus, chaque joueur peut avoir son service particulier ; mais les plus habiles, ceux qui dirigent une balle à leur gré, varient continuellement leur service et le donnent suivant la chasse : c'est de ces joueurs qu'on dit qu'ils ont un « mauvais » service, un service « imprenable ».

Lorsque le joueur qui sert ne fait pas passer la balle sur le toit au delà de la raie du dernier côté du service ou que la balle ne touche pas le toit, il fait faute et, si deux fois de suite il se met dans le même cas, il perd quinze ; le marqueur, en pareille circonstance, crie : « Faute ! Deux fautes ! » etc.

Un joueur qui n'a fait aucun mouvement pour aller à la balle, avant d'avertir qu'il n'y est pas, est en droit de refuser de prendre un service ; mais il ne peut pas réitérer ce refus.

DU TAMBOUR

Le tambour, qui n'existe que dans les jeux de dedans, est une construction singulière, qu'on a imaginée moins pour l'agrément du jeu que pour exercer l'adresse d'un joueur par les difficultés qu'elle présente à surmonter. Aussi dit-on que le tambour est la pierre d'achoppement des joueurs.

DES COUPS DE BRICOLE ET DE DEDANS

Le « coup de bricole » a lieu quand, le joueur ayant poussé fortement sa balle en hauteur contre les grands murs, elle est par réflexion renvoyée de l'autre côté du jeu et forme, suivant sa portée, différents angles obliques ; mais, en retombant sur le carreau, elle forme tout à coup un angle presque droit. Au reste, il est prudent de ne pas répéter souvent un pareil coup. On dit d'un joueur auquel ce coup est familier qu'il a un coup de bricole.

On appelle « grand coup de bricole » celui par lequel la balle, après avoir frappé le grand mur de hauteur, va faire son effet contre les angles des murs opposés et forme la figure d'un trapèze.

Le joueur qui, du côté du service, tire le dedans, peut y faire entrer la balle de plusieurs manières, et chaque coup poussé dans cette ouverture a une dénomination différente, tirée de la nature du mouvement par lequel la balle a été dirigée. Ainsi on appelle « coup de dedans simple » le coup par lequel la balle a été portée dans l'ouverture en ligne droite ; « coup de bosse » le coup par lequel la balle, après avoir bricolé contre le grand mur, se jette obliquement dans le dedans ; « coup de brèche » le coup par lequel la balle entre directement dans le dedans par les encoignures ; « coup de poteau » le coup par lequel la balle frappe le poteau qui partage le dedans, et « coup de cabasse » le coup par lequel la balle, frappant en bricole le mur du dernier, se jette obliquement dans le dedans. La dénomination de cabasse vient de ce qu'un paumier de ce nom tirait ce coup toujours avec succès.

DES COUPS DE VOLÉE ET DE DEMI-VOLÉE

On pare la balle « de volée », quand on la repousse avec la raquette tandis qu'elle est encore en l'air. On prend la balle « de demi-volée », quand on la relève en la devançant dès son premier bond. Il importe d'autant plus de s'exercer à parer les balles de volée ou demi-volée que le succès dans cette pratique commence à établir la force d'un joueur. Il prévient ou relève par ce moyen les coups de balle les plus difficiles, qu'il ne pourrait mettre dessus après leur portée, attendu que la balle y est coupée et produit peu d'effet dans le bond. On relève la balle de demi-volée tantôt avec peu et tantôt avec beaucoup de force : il en faut peu quand la balle parcourt le milieu du jeu, et il en faut beaucoup dès qu'elle file contre les batteries ou le grand mur, parce qu'alors on doit lui communiquer un mouvement tel que après l'avoir fait bricoler contre le mur, elle puisse arriver au point d'élévation nécessaire pour passer au-dessus de la corde. Si le joueur ne rabat pas son coup en prenant la balle de volée, elle s'élève ordinairement plus qu'il n'aurait voulu : il doit, pour le rabattre, tourner sa raquette verticalement, soit d'avant-main, soit d'arrière-main; mais, pour relever à demi-volée les coups coupés, il faut,

Prise à la volée.

au contraire, qu'il tourne sa raquette un peu horizontalement, afin de donner de l'élévation aux balles. Pour

bien prendre la volée, il faut présenter la raquette
sans faire aucun mouvement pour la repousser :
l'élasticité de la raquette et celle de
la balle suffisent pour la renvoyer
avec force.

Demi-volée d'avant-main.

DE LA PARTIE DE QUATRE

Dans cette partie, deux joueurs sont
associés contre les deux autres. On
nomme premiers ceux des quatre
joueurs qui prennent le service, et l'on
appelle seconds les deux autres. Le
joueur qui seconde du côté du service se tient près
de la grille ou du tambour, et celui qui seconde du
côté du dedans se place près de l'ouvert du dernier.
Ce sont ordinairement les seconds qui, dans le courant
de la partie, servent les premiers. Si l'un des deux
joueurs placés du côté du service forme des chasses,
ils passent tous deux du côté du dedans, et ceux qui
étaient de ce côté-ci passent au même instant du côté
du service. Il importe que des joueurs qui s'exercent
à une partie de quatre soient experts dans l'art de
prendre les balles de volée, soit pour l'attaque, soit
pour la défense : c'est surtout aux seconds à prévenir
par ce moyen les coups de balle coupée qui, venant
de leur côté, ne sont plus à portée de leurs premiers.
Ainsi, tandis que le second, placé du côté de la grille,
s'oppose au coup de tambour, celui qui seconde du
côté du dedans doit parer les coups que les adversaires lui tirent contre les batteries ou dans les ouverts :

pareillement, celui qui prime du côté du dedans doit parer les balles qu'on y pousse, ou par coup de bosse, ou en ligne directe.

Au reste, la partie de quatre n'est amusante pour les acteurs et pour les spectateurs qu'autant que les joueurs associés s'entendent dans leur jeu, et qu'ils sont assez habiles, tant dans l'attaque que dans la défense, pour maintenir longtemps la balle en l'air. Tout cela ne se rencontre guère qu'entre des joueurs qui connaissent respectivement leurs forces et qui ont bien calculé le degré de confiance qu'ils se doivent mutuellement.

Il n'est en général pas aisé de combiner la proportion des forces des joueurs en partie de quatre, attendu que l'inexpérience de l'un peut tellement nuire à l'art de l'autre que le plus habile joueur, gêné dans ses moyens, n'a pas le pouvoir de réparer les fautes de son associé, au lieu que, quand des joueurs font une partie seul à seul, ils sont libres d'agir selon leur volonté : ils ne comptent alors que sur leurs propres forces.

Voici d'ailleurs à peu près ce qu'on recommande aux joueurs qui font la partie de quatre, relativement à la conduite qu'ils doivent tenir :

Aussitôt qu'un premier a tiré le coup de service, il doit s'avancer près de l'ouvert du dernier pour parer de volée les balles qu'on peut y pousser et, en même temps, pour relever les balles coupées du côté des batteries. Il laisse le fond du jeu à son second : celui-ci doit se tenir près du tambour pour parer, aussi de volée, les balles qui viennent à sa portée et toutes celles qui, frappant le mur du fond, arrivent par réaction jusqu'à lui.

Quant au joueur qui prime du côté du dedans, il doit se tenir à droite du poteau de cette ouverture, et s'occuper du soin de parer les balles qui y sont poussées en différents sens et de relever les balles coupées ou filées contre le grand mur. S'il anticipe dans le jeu de son second, ce ne doit être que pour relever le grand coup de bricole, quand la balle va produire son effet contre les angles du mur du dedans et du dernier; ainsi il doit laisser à son second, plus avancé près de la corde, les autres coups de bricole, tant ceux qui ne portent qu'au milieu du jeu que ceux qui portent contre les batteries du dedans ou sur les toits.

Il serait même à propos que, entre des joueurs d'égale force, les seconds allassent plus souvent à la balle que les premiers, attendu que ceux-ci ne peuvent se déplacer sans courir le danger d'être pris en défaut. En effet, si celui qui prime du côté du service vient à s'éloigner de l'ouverture du dernier, il ne lui sera plus possible de parer les balles que ses adversaires tâcheront d'y faire entrer et, si celui qui prime du côté du dedans s'éloigne du poteau ou de la batterie du dedans, il sera exposé à être pris en défaut par les coups de bosse.

Joueur coupant la balle d'arrière-main.

Observez cependant que, quoique les joueurs qui secondent courent moins de risque en se déplaçant que ceux qui priment, ils ne doivent toutefois pas trop s'éloigner de la batterie des

ouverts, parce qu'ils pourraient être pris en défaut
par les balles coupées ou filées. Ainsi ils doivent
tâcher de deviner l'intention de leurs adversaires et
d'en avertir promptement leurs premiers : les seconds
sont en quelque sorte les sentinelles du combat; ils
forment l'avant-garde et sont en butte aux premières
attaques. Les joueurs ont entre eux un cri de guerre,
et ils s'avertissent alternativement de jouer la balle
par ces mots : « A vous ! » ou « A moi ! » Celui qui
prime et crie : « A moi ! » avertit son second de ne
faire aucun mouvement et de lui laisser jouer le coup,
et quand il lui dit : « A vous ! » c'est pour l'avertir
de jouer. Celui qui seconde crie de même à son premier : « A moi ! » ou « A vous ! »

Les balles que les joueurs se renvoient parcourent
avec plus ou moins de rapidité tous les points de l'espace
d'un jeu de paume ; elles décrivent en différents sens,
suivant le mouvement qu'on leur a imprimé, des lignes,
des courbes et des angles de tous genres. Mais il ne
faut pas que le joueur attende l'instant de la réaction
pour courir à la balle : il doit avoir prévu, aussitôt
qu'elle est partie de la raquette de son adversaire, les
lignes et les angles qu'elle formera d'après l'impulsion qu'elle a reçue; alors il saisit avec célérité le
point juste où il faut qu'il la relève avant qu'elle soit
retombée deux fois sur le carreau.

Lorsque du premier coup d'œil un joueur a fixé son
jugement sur la direction d'une balle qui lui est envoyée,
il doit, en quelque sorte, devancer le coup et se placer
de manière que, soit d'avant-main, soit d'arrière-main,
il garde toujours la balle de côté. Les joueurs doivent
d'ailleurs avoir l'attention de ne pas laisser échapper

l'occasion de se prendre réciproquement leur défaut. Cette expression : « prendre le défaut » de son adversaire, signifie, en termes de paume, lui envoyer la balle de manière que, dans la position où il se trouve, il ne puisse pas aisément la renvoyer ni même la juger.

On prend aussi le défaut de son adversaire en l'attaquant du côté de ses moyens les plus faibles. Ainsi, lorsqu'il est connu pour avoir de la peine à relever la balle de l'arrière-main, on l'attaque de ce côté; s'il n'a pas une parade de volée, on l'attaque dans les ouverts et, s'il n'est pas exercé à la demi-volée, on l'attaque par la balle coupée.

Position d'arrière-main.

Une balle qui frappe les murs des batteries des ouverts produit des effets plus ou moins difficiles à juger : si elle frappe d'abord le mur, elle forme ensuite des bonds sur les carreaux, ou elle file du premier bond sur les carreaux avant de frapper le mur des batteries. Dans le premier cas, elle doit être relevée après son premier bond aussitôt qu'elle a quitté le mur et, dans le second cas, il faut que le joueur se place de manière à pouvoir opposer sa raquette à l'instant où la balle se détache, afin d'en prévenir le second bond. On conçoit qu'une balle coupée est plus difficile à relever dans ces circonstances : ce sont aussi les coups qui font mettre le plus souvent dessous, principalement lorsqu'on est obligé de défendre une chasse que la balle va gagner.

Un joueur qui s'attache à connaître la manière de jouer de son adversaire peut juger plus facilement de l'endroit où il lui enverra la balle, se placer en conséquence, à moins toutefois que cet adversaire ne soit du nombre des forts joueurs accoutumés à donner le change par une attitude simulée.

Il importe aussi d'arriver par le chemin le plus court au point où il faut relever la balle ; c'est à quoi les habiles joueurs ne manquent pas, et c'est ce qui fait dire, par le peu de mouvements qu'ils se donnent, que la balle vient les trouver.

On regarde avec raison comme une habitude vicieuse celle du joueur qui se tient au fond du jeu pour attendre. Cette position l'oblige trop souvent à s'avancer et à prendre une attitude désavantageuse pour renvoyer la balle à son adversaire. La meilleure place, pour qu'un joueur soit à portée d'agir plus promptement d'après les divers effets de la balle, paraît être de chaque côté du jeu un peu en dedans de la raie du dernier. Étant là, il peut plus facilement prévenir les coups par la volée ou la demi-volée. En effet, quand il juge que la balle portera contre les murs du fond, il lui est aisé de se reculer et, s'il prévoit qu'elle filera contre les batteries ou le grand mur, il peut sans difficulté se trouver à sa rencontre.

Il faut aussi, pour bien juger les effets de la balle, se former un coup d'œil juste et étudier, dans la manière dont elle a été poussée, la réaction de ses angles ouverts ou rentrants. Un joueur encore novice, en se précipitant sur les coups, s'embarrasse, pour ainsi dire, dans la balle, tandis que celui dont le jugement est exercé se fixe dans un endroit où il sait que la balle, après ses ricochets, viendra le trouver. On dit d'un tel joueur qu'il est toujours « bien placé à la balle ».

On a remarqué que les joueurs calmes étaient ceux qui avaient le plus de dispositions à bien juger des effets d'une balle. Ceux que trop de vivacité domine sont sujets à s'emporter sur les coups, et à relever la balle dans le point le moins favorable pour eux.

PARTIES COMBINÉES

Il y a souvent entre les joueurs une si grande différence de force qu'une partie pour tout le jeu devient impossible. Pour remédier à cet inconvénient, on a imaginé des parties de combinaisons ; nous parlerons ici des plus usitées. La partie d'un côté, qui consiste à partager le jeu en deux par une raie : le joueur fort est obligé de lancer la balle du côté qui lui a été désigné. Quand elle ne va pas de ce côté, il perd quinze. Cet avantage en sauvant les ouverts est estimé trente. La partie sans toucher les murs de côté et les ouverts sauvés est estimée de même. La partie sans toucher les murs, qui donne au joueur habile une grande difficulté, puisqu'il est obligé de rendre la balle toujours facile ; on estime que cette partie vaut quarante-cinq. Toutes les combinaisons démontrent la beauté de ce jeu et la supériorité sur tous les autres exercices de corps ; elles permettent à un amateur très fort de jouer avec un faible, en rendant la partie très intéressante pour les deux adversaires.

Nous citerons aussi la partie sur les toits, qui consiste pour le joueur fort à envoyer la balle sur le toit toutes les fois qu'il la relève, sous peine de perdre le quinze.

Cette partie, fort difficile, ne se fait qu'à des personnes qui commencent. La partie dans six carreaux ou huit carreaux était très usitée autrefois ; mais elle n'est plus en usage.

Un bon joueur de paume doit s'attacher à trois choses principales : 1° à connaître d'abord le jeu de son adversaire, ses moyens d'attaque et de défense ; 2° à prévenir son intention pour n'être pas pris en défaut en se plaçant le plus tôt possible aux effets de la balle ; 3° à ne faire aucun mouvement inutile ou à contre-temps et s'accoutumer à suivre de l'œil la balle pour s'y porter plutôt modérément qu'à s'y précipiter contre ; et comme la perspicacité de chaque joueur varie autant que leurs différentes manières de se porter à la balle, celui qui combine le plus vite est plus sûr aussi de réussir dans l'exécution.

J'ai déjà dit qu'un joueur de paume devait tirer parti de tous ses moyens naturels pour devenir aussi habile qu'il peut l'être. S'il est d'une taille moyenne, il voit venir la balle coupée dans une ligne plus propor-tionnée à sa hauteur ; il peut mieux la juger et la relever de demi-volée, soit dans ses filées, soit dans ses portées. Il doit donc moins s'attacher à prévenir la balle de volée que le joueur de haute taille ; car celui-ci, étant forcé de plier beaucoup le corps pour se mettre dans des coups rapides au niveau de la balle, emploie plus souvent la volée pour s'épargner cette contrainte. Accoutumé à atteindre de loin la balle, sans faire beaucoup de mouvement, il fatigue, par sa volée prise de tout côté, son adversaire qui ne peut le vaincre qu'en dérobant la balle de sa portée. J'ai vu de tels joueurs qui, joignant beaucoup de force dans le poignet à une volée sûre, tiennent toujours les bras étendus, dans le jeu de paume qu'ils semblent embrasser et gênent d'autant plus leurs joueurs que ceux-ci les croient toujours partout. Un joueur de haute stature a communément les mouvements plus lents que celui qui l'a plus petite; l'un supplée, par sa légèreté, à l'avantage que la longueur des membres peut donner à l'autre; quoi qu'il en soit, on voit des joueurs de haute ou petite taille également habiles. L'essentiel, c'est le jugement et le coup d'œil.

Position d'arrière-main.

Le lawn-tennis au cercle de l'île de Puteaux

LAWN-TENNIS [1]

Origine du jeu. — La paume au filet — *lawn-tennis* en anglais — est une sorte de courte paume simplifiée. Elle a été inaugurée en 1873 par un officier de l'armée anglaise, dont le régiment était aux Indes, désireux de donner à ses compatriotes le moyen de se livrer à un exercice moins violent que le cricket ou le foot-ball.

Avantages du jeu. — C'est un jeu fort amusant, qui présente l'avantage de pouvoir être joué par les deux sexes, ce qui en fait un jeu de société par excellence. C'est aussi un exercice qui demande de réelles qualités de vitesse, de coup d'œil et de sang-froid lorsqu'on joue le jeu simple — *single.*

1. Article de M. Gaston Fournier.

Enfin, il peut être installé facilement partout où l'on dispose d'un terrain plat d'environ 34 mètres de long sur 19 de large, sur lequel on trace les limites de la *cour*[1]. Toute surface unie fait l'affaire : gazon, macadam, asphalte ou bois.

Voici les règles du lawn-tennis :

I

JEU SIMPLE A DEUX JOUEURS

Article premier. — Pour les parties à deux joueurs, la *cour* doit mesurer 23m,80 de longueur sur une largeur de 8m,23. Elle est divisée en deux parties égales, dans sa largeur, par le *filet* X Y, dont les extrémités sont portées par deux poteaux P P' fixés dans le sol, en dehors de la cour, à une distance de 0m,91 et demi des lignes de côté. La hauteur du filet doit être de 1m,065 aux extrémités, et de 0m,915 au centre.

A chaque extrémité de la cour, à une distance de 11m,90 du filet et parallèlement à celui-ci, on trace les *lignes de fond* AB et CD dont les extrémités vont rejoindre les *lignes de côté* A'C' et B'D'.

Les deux points de repère K et L marquent les milieux des lignes de fond.

De chaque côté du filet et parallèlement à celui-ci, à une distance de 6m,40, on trace les *lignes de service* EF et GH.

Enfin, les milieux de ces dernières lignes sont reliés par la *ligne de demi-cour* MN.

Art. 2. — Les balles ne doivent pas mesurer moins de 0m,0637 et plus de 0m,065 de diamètre et ont un poids minimum de 53 grammes, maximum de 57 grammes.

Art. 3. — Les décisions de l'*arbitre* sont sans appel. Toutefois, si un *juge arbitre* a été désigné d'avance, les joueurs peuvent en appeler à lui dès décisions de l'arbitre sur tout point concernant l'interprétation de la règle. Le juge arbitre juge sans appel.

Art. 4. — Le sort décide du choix du côté et de la priorité du service dans le premier jeu, de telle sorte que, si le gagnant

---

1. C'est tout à fait improprement que certaines personnes disent *cours* pour traduire le mot anglais *court*. Un « cours » est une promenade. La paume au filet se joue sur une « cour ».

choisit le côté qu'il préfère, il abandonne, par ce fait, le droit de
donner le service le premier, et *vice versa.*

On appelle *service* l'acte de mettre la balle en jeu. Le joueur lance
la balle d'une main et la frappe avec sa raquette tenue de l'autre.

Art. 5. — Les joueurs se tiennent de chaque côté du filet. Le
joueur qui commence se nomme le *servant ;* son adversaire, le
relanceur.

Art. 6. — Après le premier jeu, le relanceur devient le servant
et le servant le relanceur, et ainsi de suite, alternativement, pour tous
les jeux d'une partie.

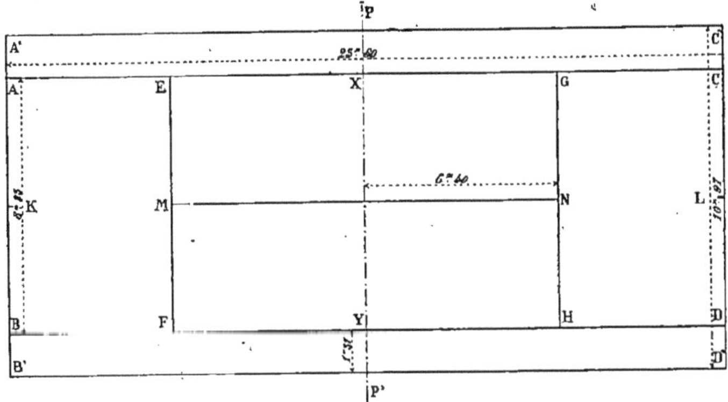

Plan du jeu de lawn-tennis.

Art. 7. — Le servant doit avoir un pied touchant la ligne du
fond, et l'autre pied en arrière de cette ligne. Il devra servir alternativement de la cour droite et de la cour gauche, en commençant
par la cour droite.

Art. 8. — La balle de service devra tomber dans l'espace compris entre le filet, la ligne de demi-cour et la ligne de côté de la
cour opposée en diagonale à celle d'où elle a été servie.

La balle tombant *sur* l'une de ces trois lignes est bonne.

Art. 9. — Il y a *faute :*

a. Si le service a été donné de la cour droite au lieu de la cour
gauche, et *vice versa ;*

b. Si le servant n'est pas placé comme il est stipulé à l'article 7 ;
toutefois il n'y a pas faute, si le pied du servant en arrière de
la ligne du fond est levé au moment du service ;

c. Si la balle de service ne passe pas le filet ;

d. Si elle tombe en dehors des limites prescrites à l'article 8,
même après avoir effleuré le haut du filet.

Art. 10. — On ne relève pas une balle fautive.

Art. 11. — Après une faute, le servant a droit à un second service. Il ne change pas de cour pour le donner, excepté si la faute provenait d'une erreur de cour (art. 9, *a*).

Art. 12. — Une balle est réputée *bonne*, tant que l'arbitre ou, s'il n'y a pas d'arbitre, le relanceur ne l'a pas déclarée *faute*. Cette déclaration ne peut plus être faite après que le service suivant a été donné.

Art. 13. — La balle de service ne peut être prise de volée par le relanceur.

On appelle *volée* l'acte de renvoyer la balle, en la frappant avant qu'elle n'ait touché terre.

Art. 14. — On ne doit servir que si le relanceur est prêt. Si ce dernier essaye de relever le service, il est réputé avoir été prêt.

Art. 15. — La balle est *en jeu* ou bonne depuis le moment où elle a été servie (sauf s'il y a faute).

Elle cesse de l'être :

a. Si le relanceur prend le service de volée ;

b. Si la balle tombe en dehors de la cour ou dans le filet ;

c. Si elle touche un des joueurs, ses vêtements ou tout objet qu'il porte, sauf la raquette dans l'acte de frapper la balle ;

d. Si elle a été frappée plus d'une fois de suite par l'un ou l'autre des joueurs ;

e. Si elle n'a pas passé par-dessus le filet avant de toucher le sol pour la première fois (sauf le cas prévu par l'article 17) ;

f. Si elle a fait deux bonds successifs, de quelque côté du filet que ce soit, même si le second bond était en dehors de la cour.

Art. 16. — Le coup est *à remettre* (en anglais, *let*), c'est-à-dire ne compte pas :

a. Si la balle de service touche le filet, le coup étant d'ailleurs régulier ;

b. Si le service (qu'il soit bon ou qu'il y ait faute) a été donné avant que le relanceur fût prêt ;

c. Si l'un ou l'autre des joueurs a été empêché par force majeure de donner le service ou de relever la balle en jeu.

Lorsqu'un coup est à remettre, il est annulé, et le servant donne un nouveau service. Un coup à remettre n'annule pas une faute précédente.

Art. 17. — La balle renvoyée est bonne, même si elle touche le filet, ou si, passant extérieurement aux poteaux, elle tombe *sur* les limites de la cour opposée ou à l'intérieur de ces limites.

Art. 18. — Le servant gagne un point si le relanceur :

a. Prend le service de volée, sauf si le coup est à remettre;

b. Ne relève pas le service, sauf si le coup est à remettre;

c. Ne relève pas la balle en jeu, sauf si le coup est à remettre;

d. Renvoie la balle en dehors des lignes délimitant la cour de son adversaire;

- *e.* Ou se met dans un des cas prévus par l'article 20.

Art. 19. — Le relanceur gagne un point si le servant :

a. Fait deux fautes consécutives;

b. Ne relève pas la balle en jeu (sauf si le coup est à remettre);

c. Renvoie la balle en dehors des lignes délimitant la cour de son adversaire;

d. Ou se met dans un des cas prévus par l'article 20.

Art. 20. — L'un ou l'autre joueur perd un point :

a. Si la balle en jeu touche son corps, ou ses vêtements, ou tout autre objet qu'il porte sur lui, sauf sa raquette dans l'acte de frapper la balle;

b. S'il touche ou frappe plus d'une fois la balle avec sa raquette;

c. S'il touche le filet, ou les poteaux pendant que la balle est en jeu.

Art. 21. — Le premier point gagné par l'un ou l'autre joueur est compté 15, le second 30, le troisième 45 et le quatrième *jeu*. Par abréviation, on dit généralement *quarante* au lieu de *quarante-cinq*. Toutefois, si les deux joueurs ont gagné chacun 3 points, arrivant ensemble à quarante-cinq, ils sont *à deux* — en anglais *deuce* — et le point suivant gagné par l'un des joueurs se compte *avantage* pour lui. Si le même joueur gagne le point suivant, il gagne le jeu; si, au contraire, il le perd, les joueurs reviennent au point de à deux et ainsi de suite, jusqu'à ce que l'un ou l'autre joueur gagne deux points de suite : il gagne alors le jeu.

Art. 22. — La partie se compose de six jeux; le joueur qui le premier gagne six jeux gagne la partie. Mais, si les deux joueurs ont gagné chacun cinq jeux, ils sont *à deux de jeux*, et le jeu suivant, gagné par l'un des joueurs, se compte *avantage de jeux* pour lui. Si le même joueur gagne le jeu suivant, il gagne la partie; si, au contraire, il le perd, les joueurs reviennent à deux de jeux et ainsi de suite, jusqu'à ce que l'un ou l'autre joueur gagne deux jeux de suite : il gagne alors la partie.

Les joueurs peuvent convenir à l'avance de ne pas compter l'avantage de jeux et de décider la partie par le premier jeu gagné quand ils sont à deux de jeux.

Art. 23. — Les joueurs changent de côté après chaque partie. Toutefois, si l'un d'eux le demande avant le tirage au sort de côté, l'arbitre peut faire changer les joueurs de côté après les premier, troisième, cinquième... jeux, si, à son avis, un des côtés présentait un désavantage marqué, provenant, soit du vent, soit du soleil, soit d'un accident de terrain. Dans ce cas, l'ordre ci-dessus indiqué devra être continué jusqu'à la fin du match. Si l'appel à l'arbitre est fait dans le cours d'une partie liée, il ne pourra faire changer les joueurs de côté après les premier, troisième, cinquième... jeux que pendant la belle.

Art. 24. — Quand on joue plusieurs parties de suite, le joueur qui était servant au dernier jeu d'une partie devient relanceur au premier jeu de la partie suivante.

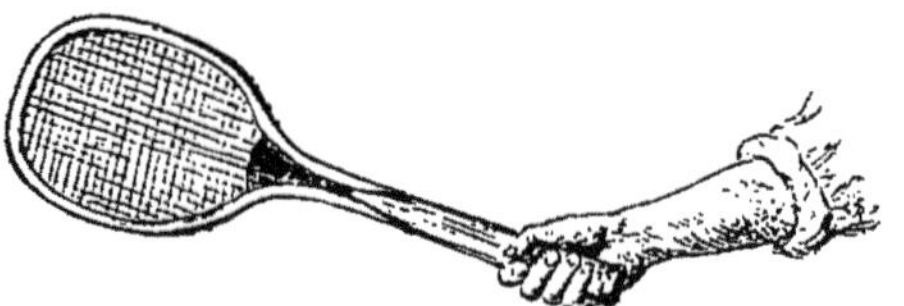

Tenue de la raquette pour le coup d'avant-main.

II

DES AVANTAGES

Les avantages consistent en points donnés ou reçus en vue d'équilibrer les forces de deux camps.

Le scratch est le camp qui ne donne ni ne reçoit aucun avantage.

Art. 25. — S'il y a des points reçus :

a. 1/4 de 15 est un point donné au commencement du 2e, 6e, 10e jeu d'une partie ;

b. 2/4 de 15 est un point donné au commencement du 2e, 4e, 6e, etc., jeu d'une partie ;

c. 3/4 de 15 est un point donné au commencement du 2e, 3e, 4e, 6e, 7e, 8e, etc., jeu d'une partie ;

d. 1/4 ou 2/4 ou 3/4 de 15 peuvent être donnés en plus d'autres points ;

e. 15 est un point donné au commencement de chaque jeu d'une partie ;

f. 30 est deux points donnés au commencement de chaque jeu d'une partie ;

g. 40 est trois points donnés au commencement de chaque jeu d'une partie.

Art. 26. — S'il y a des points dus :

a. 1/4 de 15 est un point dû au commencement du 1ᵉʳ, 5ᵉ, 9ᵉ, etc., jeu d'une partie;

b. 2/4 de 15 est un point dû au commencement du 1ᵉʳ, 3ᵉ, 5ᵉ, etc., jeu d'une partie;

c. 3/4 de 15 est un point dû au 1ᵉʳ, 2ᵉ et 3ᵉ, 5ᵉ, 6ᵉ et 7ᵉ, etc., jeu d'une partie;

d. 15 est un point, 30 deux points, 40 trois points dus au commencement de chaque jeu d'une partie.

Art. 27. — La partie par jeux est la plus usuelle. Néanmoins on peut également marquer par points (100 au plus) sans revanche. Cette méthode est surtout utile pour le handicap où la force des joueurs est très disproportionnée.

a. Le premier joueur servira six services consécutifs, le camp opposé servira également six services, et ainsi de suite alternativement. Un bon service, ou une faute et un bon service, ou deux fautes compteront comme un service[1].

b. Les joueurs changeront de cour au milieu de la partie, c'est-à-dire lorsqu'ils seront arrivés à la moitié du total des points à faire.

c. Quand deux joueurs jouant l'un contre l'autre reçoivent des points, ils compteront respectivement à partir des points reçus.

d. Le joueur arrivant le premier à 100 gagne la partie; toutefois, quand les deux joueurs sont 99 à, ils sont *à deux*, et l'un des joueurs, pour gagner devra gagner deux points consécutifs.

III

JEU DOUBLE A TROIS OU A QUATRE JOUEURS

Art. 28. — Les règles qui précèdent s'appliquent également aux parties à trois ou à quatre joueurs, sauf les modifications ci-après.

Art. 29. — Pour les parties à trois ou quatre joueurs, la cour mesure 10ᵐ,97 de largeur. En dehors des lignes de côté du jeu simple, parallèlement à elles et à une distance de 1ᵐ,37, on trace les lignes de côté A′B′C′D′ (voy. la fig.). Les lignes de côté de service s'arrêtent aux points EFGH. Pour le reste, la cour est semblable à celle décrite à l'article premier.

---

1. Dans la pratique, et lorsqu'on ne joue pas de match, on change de service tous les cinq points, ce qui arrive chaque fois que les derniers chiffres additionnés des points des deux camps font un multiple de 5. Ex. : 7+3=10; 9+6 = 15; 4+6 = 10; 7+8 = 15, etc..

La cour ainsi disposée peut servir indifféremment aux jeux double et simple.

Art. 30. — Dans les parties à trois joueurs, celui qui fait *la chouette* donne le service alternativement un jeu sur deux, comme il est dit à l'article 7, et il joue dans la cour formée par les lignes AB, BY, YX, XA. Ses adversaires jouent dans les limites extrêmes de la cour opposée.

Art. 31. — Dans les parties à quatre joueurs, le coup auquel échoit, par le sort, le droit de servir le premier décide du partenaire qui commencera, et le camp adverse décide, de son côté, du joueur qui servira au deuxième jeu. Le partenaire du joueur qui servira au premier jeu donnera le service au troisième, et le partenaire du joueur qui a servi au deuxième donnera le service au quatrième, et ainsi de suite, les joueurs donnant le service dans le même ordre dans chacun des jeux de la partie.

Art. 32. — Les joueurs donneront le service à tour de rôle pour chaque jeu. Il est interdit à un joueur de relever le service donné à son partenaire. L'ordre du service, une fois établi, ne pourra être modifié, et les relanceurs ne pourront changer de cour pour recevoir le service avant la fin de la partie.

Art. 33. — La balle de service devra tomber dans l'espace compris entre le filet, la ligne de service, les lignes de demi-cour et la ligne de côté de service de la cour opposée en diagonale à celle d'où elle a été servie.

La balle tombant sur l'une de ces trois lignes est bonne.

Art. 34. — Il y a faute si la balle ne tombe pas dans les limites prescrites à l'article précédent ou si elle touche le partenaire du servant, ses vêtements ou tout objet qu'il porte.

Art. 35. — Si un joueur sert hors de son tour, aussitôt que l'erreur aura été reconnue, l'arbitre rétablira l'ordre du service. Les points marqués ou les fautes faites depuis que l'erreur de service a été reconnue ne sont pas annulés. Si l'erreur n'est reconnue qu'après la fin du jeu, ce jeu reste acquis au gagnant, et l'ordre du service demeure interverti dans le camp qui avait commis l'erreur.

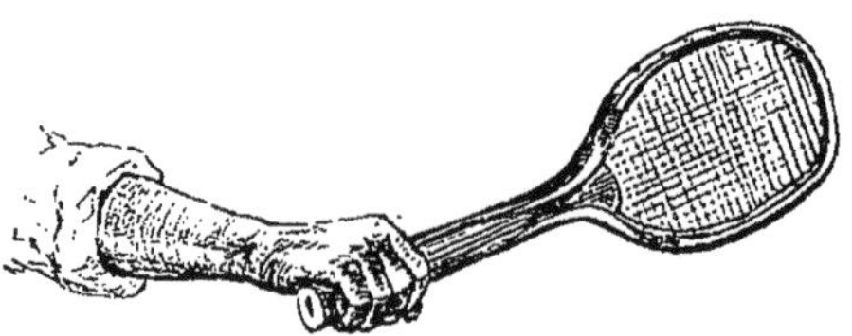

Tenue de la raquette pour le coup d'arrière-main.

Conseils pratiques. — Il ne saurait être question de
donner, dans une aussi courte notice, toutes les règles
à suivre pour devenir un joueur de première force; ce
serait une étude trop considérable pour ce manuel.
Nous dirons seulement, à ceux qui sont tentés de croire
que bien jouer au lawn-tennis est une chose facile,
qu'ils se trompent. Les progrès ne peuvent s'acquérir,
comme à tous les exercices, que par une pratique
constante, un entraînement modéré — nous insistons
particulièrement sur ce point — et une application
raisonnée de toutes les difficultés du jeu. Ceux qu'une
pareille étude pourrait intéresser devront lire et mettre
en pratique les excellents préceptes qu'ont donnés deux
joueurs de premier ordre en Angleterre et en Amérique, le Dr Dwight et M. H.-W.-W. Wilberforce, dans
les traités qu'ils ont fait paraître sur le sujet. Pour
nous, nous nous bornerons à donner quelques conseils
indispensables aux débutants.

Pour bien se rendre compte du jeu on devra, aussi
souvent que possible, regarder de bons joueurs. La
plupart des commençants ignorent la variété des coups
d'attaque et de riposte que comporte le lawn-tennis;
ils ne pourront les apprendre qu'en regardant attenti-
vement de bonnes parties.

De la raquette. — Il est de toute importance de se
servir d'une bonne raquette, d'un poids proportionnel
à sa force : il faut qu'on puisse la manier sans le
moindre effort. En fait, pour un homme, le poids doit
varier entre 14 onces et 14 onces et demie; pour une
femme, de 13 onces à 13 onces et demie. Une bonne
raquette doit être un peu large, afin d'avoir de l'élasticité, bien balancée, pour ne pas peser à la main, et
bien tendue, pour donner de la force à la balle. Le

manche octogonal est celui qui est adopté par la plupart des joueurs ; on l'entoure souvent de caoutchouc pour éviter qu'il ne tourne dans la main.

Coup d'avant-main.

Premières leçons. — Il n'y a pas de meilleure leçon que celle que vous donnera un ami ayant déjà acquis une certaine habileté. Ne jouez pas la partie avec lui, mais priez-le de vous envoyer une série de coups de longueur, lents ou d'une vitesse moyenne. Ne cherchez pas à attaquer vivement ou à placer la balle ; contentez-vous seulement de la reprendre et de la relancer avec soin, de façon qu'elle ne touche pas le filet et tombe dans la cour opposée. Priez votre adversaire de vous indiquer vos fautes et tâchez de vous corriger peu à peu, afin qu'il se rende compte que ses conseils ne sont point peine perdue.

Un excellent entraînement pour les commençants est celui qui consiste à s'exercer soi-même en jouant contre un mur. On trace sur le mur, à la hauteur voulue, une ligne pour figurer le filet et l'on essaye de lancer la balle au-dessus de cette ligne et de la renvoyer aussi longtemps que possible.

Du coup de raquette. — Tenez votre raquette au bout du manche, le petit doigt contournant le cuir, les autres doigts serrant la raquette sans raideur. Frappez la balle franchement en présentant la raquette normalement à la direction de la balle, sans chercher à la couper comme à la paume.

La plupart des commençants ont une tendance à précipiter le coup et à s'avancer trop près de l'endroit où la balle rebondit. Donnez votre coup de raquette aussi tard que possible ; n'allez pas au-devant de la balle, mais laissez-la, pour ainsi dire, venir au-devant de vous. C'est une règle de toute importance au début. Plus tard, lorsque vous aurez acquis une certaine habileté, vous pourrez apprendre à frapper la balle au point culminant de sa course, ou même lorsqu'elle monte encore; mais, pour l'instant, le mieux est d'attendre qu'elle redescende et soit près de tomber à terre.

Coup d'avant-main. — Pour le coup d'avant-main : au moment où vous frappez la balle, faites un pas en avant avec la jambe gauche et portez le poids du corps sur cette jambe de façon à bien dégager l'épaule droite. Avant de frapper, portez votre raquette en arrière, afin de donner le coup par une sorte de balancement du bras et non par une poussée.

Coup d'arrière-main. — Pour le coup d'arrière-main : tournez le corps à gauche de façon à faire face à la ligne de côté et, au moment de frapper la balle, faites un pas en avant avec la jambe droite, en portant le poids du corps dans cette direction pour dégager l'épaule gauche. En suivant bien ces préceptes, on arrivera vite à faire les coups d'arrière-main avec autant de facilité que ceux d'avant-main.

Dans les commencements, il faut s'appliquer à retourner la balle, sans

Coup d'arrière-main.

chercher, soit à la faire passer trop près du filet, soit à la placer, soit à l'attaquer trop vigoureusement. Jouez d'abord avec soin et ne sacrifiez jamais la précision à la tentation de faire un coup brillant, que vous manquerez neuf fois sur dix.

Ne vous servez jamais de vieilles balles ; leurs faux bonds déroutent votre jeu et vous énervent.

Appliquez-vous à corriger vos défauts et à étudier les coups que vous manquez.

Soyez toujours prêt à riposter ; aussi sévère qu'ait été votre attaque, le point n'est pas encore gagné.

Pendant le jeu, évitez de parler ; cela coupe votre respiration et dérange votre adversaire.

Position du joueur. — La position normale du joueur est à environ 1 mètre en arrière de la ligne de fond. Il est plus facile, en effet, d'avancer que de reculer. Soyez toujours prêt à partir dans toutes les directions : pour cela, ne vous campez jamais sur vos deux jambes, les jarrets tendus, mais ayez les genoux légèrement pliés, le talon de la jambe qui est en avant près de terre, sans la toucher. Ne quittez pas votre adversaire des yeux afin de prévoir la direction de son coup, de recevoir son attaque sans surprise et de riposter avec sang-froid.

Tactique. — Votre tactique doit dépendre, naturellement, du jeu de votre adversaire. Tâchez de découvrir son point faible et jouez en conséquence ; mais n'oubliez pas qu'un

Volée haute d'avant-main.

débutant doit plutôt se tenir sur la défensive. S'il joue le fond, tâchez de le déplacer le plus possible, tantôt le faisant courir à droite et à gauche, tantôt

doublant le coup au moment où il se déplace. C'est un
des meilleurs coups du tennis. Contre un joueur de
volée vous pouvez essayer trois coups : 1° renvoyer la balle diagonalement à la cour ; 2° la
faire passer sur le côté ; 3° la chandelle, ou
lob.

Le premier coup est assez facile à retourner ; le second est excellent, mais demande beaucoup de précision. Enfin le troisième est peut-être le plus simple. Il exige
cependant une assez grande habileté pour
lancer la balle à une hauteur suffisante afin
que votre adversaire ne puisse pas la reprendre
sans se déplacer en arrière rapidement,
et pas assez haut cependant pour lui
donner le temps de retourner la balle
après le bond. Après un *lob* il faut se
replacer vivement en arrière de la ligne
de fond.

Volée haute d'arrière-main

C'est un excellent coup quand on est déplacé soi-
même pour se remettre en bonne place ou quand le
soleil gêne votre adversaire. Il est tout indiqué pour
reprendre haleine.

De la volée. — Lorsque vous avez donné un coup
difficile à votre adversaire ou lorsqu'il est déplacé
de telle façon qu'il ne puisse faire autre chose que de
renvoyer la balle comme il peut, vous pouvez essayer
de faire la volée. Avancez alors rapidement à environ
2 mètres en avant de la ligne de service et frappez la
balle en faisant une opposition de la raquette, en la
tournant dans le sens où vous voulez placer la balle.

C'est un coup qu'il ne faut jouer que pour essayer
de faire le point ; si vous ne l'avez pas réussi, revenez

promptement en arrière et attendez l'occasion de l'essayer à nouveau.

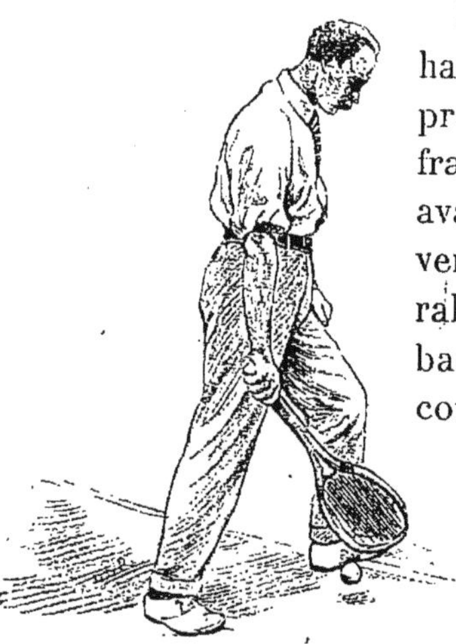
Demi-volée d'arrière-main
sur la ligne de fond.

Il y a deux sortes de volées : la volée haute et la volée basse. La première ne présente pas de sérieuses difficultés : frappez la balle la raquette haute, en avant de l'épaule et légèrement inclinée vers le sol; donnez un coup franc en rabattant un peu la raquette de haut en bas, afin de ne pas faire décrire de courbé à la balle.

La volée basse est très difficile: serrez fortement votre raquette dans la main et faites une opposition, en ayant soin de l'incliner de bas en haut, plus ou moins, suivant la hauteur à laquelle vous reprenez la balle. En donnant le coup, imprimez à votre raquette un léger mouvement de rotation d'arrière en avant et de bas en haut. C'est un coup difficile, et il vaut toujours mieux avancer sur la balle, quand on le peut, pour l'éviter.

Un *smash* est une volée haute attaquée de toute la force du bras. Ne l'essayez jamais que tout près du filet.

La meilleure manière d'apprendre la volée est de l'essayer dans les parties à quatre. L'un des joueurs (celui qui ne sert pas ou qui ne reçoit pas le service) se place au milieu de son côté et à 2 mètres en avant de la ligne de service. Le servant ou le relanceur n'avancent qu'après la première riposte.

Le jeu de volée, étant beaucoup plus fatigant, doit être un jeu d'attaque et non un jeu de défense. Lorsqu'on le réussit bien, comme il est très rapide, on a de grandes chances de gagner le point.

En résumé, c'est un jeu rapide et sévère qu'il est indispensable de pratiquer lorsqu'on veut acquérir une certaine force au lawn-tennis.

La demi-volée. — La demi-volée est le coup le plus difficile et le plus dangereux du tennis. Jamais un commençant ne doit l'essayer que lorsqu'il est placé de telle sorte (par sa faute généralement) qu'il lui soit impossible d'avancer sur la balle pour la prendre de volée, ou de reculer pour la reprendre au bond. La difficulté ne consiste pas dans l'appréciation du moment où il faut frapper la balle, mais dans le jugement de sa course, parce que le coup doit être donné si près du sol qu'on n'a, pour ainsi dire, pas le temps de s'en rendre compte.

La première condition, pour la demi-volée, et elle est fondamentale, consiste — sans se contenter d'une simple opposition de raquette — à frapper franchement la balle. Celle-ci a, en effet, une tendance à remonter après le coup; pour corriger cet effet, il importe d'incliner un peu la raquette en avant en donnant le coup, en même temps qu'on lui imprime un léger mouvement d'élévation par une impulsion semblable de tout le bras.

Si la demi-volée présente de grandes difficultés, c'est, par contre, pour cette raison même, un coup très brillant et qui provoque facilement l'admiration. Nous n'en conseillerons pas moins de l'éviter autant que possible.

Le service.

La demi-volée comporte également le coup d'arrière-main qui s'exécute suivant les mêmes principes.

Du service. — Pour servir, placez le pied gauche sur la ligne, le pied droit en arrière et jetez la balle en l'air avec la main gauche pendant que la main droite rejette la raquette le plus en arrière possible pour lui donner plus de force au moment où elle frappe la balle, lorsque celle-ci est près de commencer sa descente. Dans le jeu simple, se placer près du centre et, aussitôt le service donné, se reporter en arrière de suite afin d'être en bonne place pour la riposte. Il vaut mieux essayer un service à demi-vitesse bien placé et le donner à la première tentative, plutôt que de réussir, par hasard, un service rapide, la seconde balle étant toujours un avantage pour le relanceur. Il faut s'attendre à une riposte sévère, et, si l'adversaire joue la volée, s'apprêter à le voir s'avancer au filet. Ne pas oublier que deux fautes de service donnent un point à votre adversaire.

De la relance. — Pour la première balle, ayez soin de vous tenir assez en arrière, à peu près sur la ligne de fond ; tâchez de deviner où le servant placera son service, et préparez-vous à vous porter rapidement à droite ou à gauche suivant le cas. N'essayez pas de gagner le point sur la première balle de service ; contentez-vous de la relancer par un coup de longueur près de la ligne de fond, à moins que votre adversaire n'avance à la volée, auquel cas vous pouvez essayer de passer la balle sur le côté. Contre la volée, vous pouvez essayer encore de jouer sur votre adversaire en marche, ou de lui retourner une balle courte, à ses pieds, pour l'obliger à jouer la demi-volée. Ce sont deux coups difficiles, mais qui, bien exécutés, vous donneront souvent l'avantage de marquer le premier point.

Pour la seconde balle de service, rapprochez-vous naturellement un peu, et essayez de la relancer assez sévèrement et le plus loin possible de votre adversaire, en vous replaçant tout de suite en arrière. Beaucoup de joueurs faisant mal l'arrière-main, vous pouvez

La cour couverte de l'avenue Bosquet.

essayer de placer la balle à gauche. Mais, tant que vous n'aurez pas découvert le point faible de votre adversaire, variez vos coups le plus possible afin de le dérouter et de ne pas le trouver préparé à l'avance à reprendre votre balle. N'oubliez pas surtout de rendre des coups de longueur (*drives*) et de vous remettre aussitôt en bonne place.

Entraînement. — Ne jamais jouer jusqu'à la fatigue. M. Ernest Renshaw, le célèbre joueur anglais, nous a toujours conseillé de ne jamais jouer plus de trois parties simples par jour; pour les parties à quatre, on peut en jouer davantage en ayant soin de les espacer par des repos.

La veille d'un match, se garder de toucher une raquette.

En résumé, il faut savoir jouer avec sang-froid, prévoir le coup de son adversaire, pour amener le sien sans fatigue et ne jamais sacrifier la précision à une attaque brillante mais dangereuse.

Les débutants qui voudront bien s'inspirer de ces recommandations sont certains, avec de la patience, d'arriver à de bons résultats. Surtout, qu'ils n'aillent pas se décourager et, s'ils voient qu'ils sont dans une période décroissante, qu'ils s'arrêtent de jouer pendant huit ou quinze jours; si paradoxal que cela paraisse, ils seront tout étonnés après ce repos — l'expérience l'a démontré — de voir qu'ils auront retrouvé, sans s'en douter, leur ancienne forme.

C'est sur ce dernier avis que nous terminerons les conseils que nous donnons à nos jeunes confrères. La pratique que nous avons acquise personnellement, en jouant avec les meilleurs joueurs de Paris, nous fait espérer qu'ils ne seront pas trop mal accueillis.

LA LONGUE PAUME

La longue paume est le jeu français par excellence, le plus beau des jeux d'exercice, le plus mâle, le plus salutaire. On peut l'instituer à volonté dans tout espace de dimension suffisante, cour, terre-plein, esplanade ou fossé.

Le terrain doit être une aire bien battue et de forme rectangulaire, sans trous ni accidents d'aucune sorte, et, autant que possible, spécialement aménagée en vue du jeu. Une centaine de mètres de long sur 25 de large sont les dimensions convenables pour cette aire, où le jeu proprement dit limitera un parallélogramme de 80 mètres sur 14. Les grands côtés du parallélogramme prennent le nom de *raies*.

Le matériel se compose d'une raquette par joueur, de balles spéciales en cuir, de longs rubans de laine noire pour marquer les lignes du jeu, de piquets de fer pourvus de houppes en couleur pour marquer ce qu'on appelle les chasses, d'une ardoise pour inscrire les points. Un marqueur est chargé de surveiller le jeu, de marquer les chasses, d'annoncer et d'inscrire les points. Les raquettes, en cordelettes de boyau, doivent être choisies avec soin et de bonne marque ; les meilleures se font à Saint-Quentin.

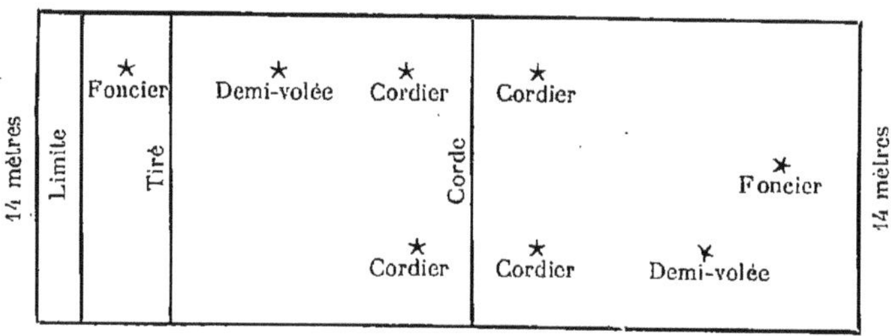

La tenue de jeu se compose habituellement d'un pantalon, vareuse et chemise de laine, avec une casquette de même étoffe protégeant la vue contre le soleil, et de sandales. Si l'on veut que le jeu produise tous ses effets hygiéniques, il est bon que le vestiaire soit pourvu d'un appareil à douche ou, tout au moins, d'un grand baquet et d'un robinet d'eau courante pour les ablutions fraîches suivies d'une friction à la serviette rude, qui doivent couronner tout exercice musculaire bien compris. A défaut de cette organisation, il est indispensable d'avoir avec soi des vêtements de rechange, pour les reprendre après s'être vigoureusement frictionné à sec.

Les joueurs sont au nombre de deux au moins ; ils

peuvent être quatre, six, huit, dix ou douze, et se partagent en deux camps.

Le jeu consiste à s'envoyer et se renvoyer la balle d'un camp à l'autre, dans certaines conditions définies et selon des péripéties qui donnent ou font perdre quinze points à l'un ou à l'autre côté.

On distingue la partie *enlevée* et la partie *terrée*. La première se joue en cinq manches ou jeux, et la seconde en sept. La partie terrée est obligatoire quand le nombre des joueurs est supérieur à huit.

La règle essentielle du jeu, dans l'une ou l'autre partie, est de reprendre la balle ou éteuf qui vous est envoyée, soit de volée, c'est-à-dire en l'air, avant qu'elle ait touché la terre, soit quand elle y a fait son premier bond.

Partie enlevée. — On trace les raies; on place la corde, le tiré et la limite; le sort désigne le camp qui servira. Le foncier de ce camp envoie la balle, d'un coup de raquette, au camp adverse; celui-ci la relance. Si la balle n'est pas reprise avant son second bond, l'endroit dans le jeu où on l'arrête après ce second bond est une chasse et le marqueur place le piquet, au bord du jeu, dans l'alignement de cet endroit. Chaque camp tire deux chasses, puis les camps changent de côté.

I. — Une chasse faite ne cause ni perte, ni gain. C'est seulement en la tirant qu'on peut la gagner ou la perdre, et l'on ne peut la tirer qu'après être passé, c'est-à-dire après avoir changé de côté avec les adversaires. On ne passe même que pour tirer ou défendre les chasses; alors les joueurs qui étaient au fond du jeu vont prendre la place de ceux qui étaient de l'autre côté.

II. — Tirer une chasse, c'est essayer de la gagner, ou la gagner en ajustant son coup de façon que le dernier bond de la balle que l'on envoie se fasse au delà de la ligne passant par le piquet de marque. On la perd si ce dernier bond se fait en deçà. S'il tombait exactement sur la ligne de chasse, le coup serait à remettre, c'est-à-dire à recommencer.

III. — Défendre une chasse, c'est reprendre, avant le second bond, la balle de celui qui la tire, quand on juge qu'il peut la gagner, mais seulement alors ; car, s'il prévoit que le second bond se fera en deçà de la chasse, le joueur habile ne s'avise pas de reprendre la balle et, si la chose arrive comme il l'a prévue, la chasse est perdue pour le tireur, sans que le parti opposé ait joué.

IV. — Le jeu se compose de soixante points, qui se comptent par quinze. On dit : quinze, trente, quarante-cinq et jeu. Ainsi un côté perd quinze points ou les gagne toutes les fois qu'il y a lieu à compter.

Il perd quinze : 1° quand il ne relève pas la balle du côté du service ; 2° quand il ne tire pas une chasse avec justesse ; 3° quand il met en avant de la corde ; 4° quand un joueur laisse tomber sa raquette ou est atteint par la balle sur une partie quelconque de sa personne.

Au contraire, il gagne quinze quand, malgré le camp opposé, il a tiré une chasse avec précision.

V. — Dès qu'il y a deux chasses faites dans un jeu on passe, si aucun des deux camps n'a quarante-cinq. Si l'un ou l'autre a ce point, on passe sur une seule chasse faite.

VI. — Une balle qui touche la raie est en dehors.

VII. — Le marqueur a qualité d'arbitre et décide si

les balles tombent au dehors ou au dedans du jeu, si
elles sont prises bonnes, c'est-à-dire du premier bond,
ou doublées, c'est-à-dire du second au troisième bond,
par les joueurs qui sont quelquefois eux-mêmes incertains de la vérité. En cas de doute chez le marqueur,
on s'en rapporte à la galerie. S'il y a discussion, les
joueurs doivent rester en place et accepter, sans pro-
testation, soit un verdict défavorable, soit la remise du
coup.

Remarque. — Dans toutes les parties, il est possible, et il arrive souvent que le nombre des jeux s'ac-
croît à l'infini, par suite des à deux ou points égaux
(quarante-cinq à quarante-cinq).

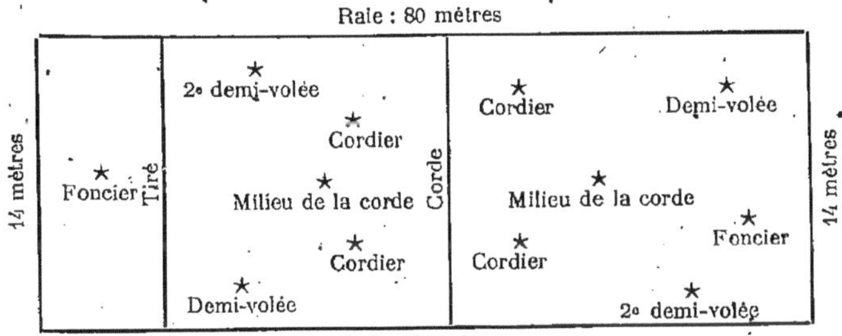

Partie terrée. — La partie terrée diffère de la partie
enlevée : 1° en ce que le jeu n'a de limites à aucun bout
de l'aire ; 2° en ce que le joueur peut terrer la balle au
rachat, c'est-à-dire lui faire toucher terre au moment
même où il la renvoie à la raquette.

Remarques. — Dans la première figure, on a supposé
deux camps de quatre joueurs seulement ; c'est pourquoi il n'y a dans chacun qu'une place de demi-volée.
Dans la seconde, chaque camp compte six joueurs ;
c'est pourquoi il y a une première et une deuxième
place de demi-volée.

On dit que les deux camps sont à deux de jeux, quand ils ont gagné chacun le même nombre de jeux.

Filer la balle, c'est la tirer à hauteur de ceinture.

Empaumer, c'est toucher, en jouant, le milieu de la raquette.

Le *montant* de la raquette est la cordelette qui va du bas en haut.

Peloter, c'est se renvoyer la balle, à deux joueurs, sans suivre les règles du jeu et simplement pour passer le temps en s'exerçant.

Faire la chouette, c'est jouer un contre deux.

Le service et le rachat d'arrière.

RÈGLES GÉNÉRALES

DU JEU DE LA LONGUE PAUME

Ce jeu se joue sur un terrain ayant la forme d'un carré long, bien uni et bien aplani, sans obstacles ni défectuosités ou accidents d'aucune nature.

DU PELOTAGE

Peloter, c'est se renvoyer simplement la balle sans suivre aucune des règles du jeu, pour passer le temps sans but ou pour attendre qu'il se forme une partie. On y trouve cependant beaucoup de plaisir. Jouer ainsi

avec les paumiers amateurs ou habiles, c'est le plus
sûr moyen de bien apprendre.

DE LA PARTIE

La partie est le jeu même : on y est astreint à des
règles qui demandent de l'adresse et du raisonnement,
un coup d'œil prompt et beaucoup d'agilité : on exerce
un art qui a ses difficultés et dans lequel il faut du
temps pour réussir.

Il est de règle que ceux qui s'amusent à peloter
cèdent leur place à ceux qui veulent jouer partie, à
moins que, par arrangement, ils n'entrent dans la partie.

Les parties se font depuis deux jusqu'à
douze joueurs, c'est-à-dire tête à tête ou un
contre deux (ce qui s'appelle faire la chouette),
ou deux contre deux, trois contre trois, quatre
contre quatre, cinq contre cinq, six contre
six, — jamais davantage. Chaque partie est de
cinq jeux. Dans toutes ces parties, il est possible et il arrive même
souvent que le nombre
des jeux s'augmente à
l'infini par suite des à
deux qu'on expliquera
plus bas.

Chaque jeu est de
soixante points, dont
chaque coup vaut quinze points.

Position d'avant-main.

Une des premières lois du jeu est de reprendre la
balle qui vous est envoyée, ou de volée, c'est-à-dire en
l'air, avant qu'elle ait touché la terre, ou quand elle y a

fait son premier bond ; il n'est plus temps de la prendre
à son second bond, et l'endroit dans le jeu où elle
touche terre pour la deuxième fois,
si on l'arrête à l'endroit même, est ce
qu'on appelle une chasse. Je dis : si on
l'arrête à l'endroit même, parce que,
tant que la balle roule et gagne du
terrain sans avoir touché les limites,
la chasse s'allonge d'autant, et ce
n'est qu'à l'endroit où elle est
arrêtée, avant d'avoir dépassé le lieu
du tiré, que le marqueur plante l'un de
ses petits piquets, rouge ou bleu, pour
indiquer la chasse.

Revers du bond.

Une chasse est donc faite : à la
partie de tout jeu, depuis le tiré, lorsqu'une fois l'on a servi, jusqu'à l'autre
bout du terrain ; à la partie limitée, dans l'un des
deux espaces compris depuis la corde jusqu'à la ligne
placée dans chaque bout, parallèlement à la corde,
par-dessus laquelle la balle doit passer en l'air et non
en roulant par terre, comme cela se fait dans l'autre
partie.

La chasse faite ne cause ni perte ni gain ; ce n'est
que lorsqu'on la tire qu'on peut la gagner ou la perdre,
et l'on ne peut la tirer que lorsqu'on est passé, c'est-
à-dire que lorsqu'on a changé de côté ; et même on ne
passe que pour tirer et défendre les chasses ; alors les
joueurs qui étaient au fond du jeu vont prendre la place
de ceux qui étaient de l'autre côté.

Tirer une chasse, c'est essayer de la gagner ; on la
gagne en ajustant son coup de façon que le dernier
bond de la balle que l'on envoie se fasse au delà du

lieu où la chasse a été faite ; on la perd s'il se fait en deçà ; mais, s'il tombait exactement sur la ligne de la chasse, le coup serait à remettre, c'est-à-dire à recommencer.

Défendre une chasse, c'est reprendre, avant son second bond, la balle de celui qui la tire quand on juge qu'il peut la gagner ; car, lorsqu'on prévoit que le second bond se fera en deçà de la chasse, le joueur habile ne s'avise pas de la reprendre et, si la chose arrive comme il l'a prévue, la chasse est perdue pour le tireur, et il gagne quinze sans jouer.

Rachat du bond.

Dès qu'il y a deux chasses faites dans un jeu, on passe, si aucun des deux partis n'a quarante-cinq ; mais, si l'un ou l'autre a quarante-cinq, on passe à une chasse faite.

A la partie limitée, le sort de celui qui tire une chasse au fond du jeu est à plaindre, car il la perd dans tout le jeu de paume depuis l'endroit où est la chasse jusqu'à lui : s'il met la balle en deçà de la corde en servant, il la perd encore ; il la perd s'il envoie sa balle au delà de la ligne qui limite le jeu par le bout. Il ne peut donc la gagner que depuis l'endroit de la chasse jusqu'à cette ligne ; aussi les chasses les plus avantageuses sont les plus près de la corde et sur la corde même ; l'espace en sa faveur est plus grand. Au contraire, il devient plus petit à mesure qu'il approche de chaque ligne du bout du jeu et il ne peut gagner une chasse touchant à cette ligne que par un bonheur ou une adresse rares.

Comme les joueurs, de part et d'autre, se placent
dans le jeu à d'assez grandes distances, que la perte
ou le gain dépendent des endroits où tombe la balle
et que, occupés à attaquer ou à se défendre, ils auraient
de la peine à les remarquer bien exactement, ce qui
donnerait lieu à des disputes sans fin, on est convenu
de s'en rapporter à un garçon de jeu qui se nomme
le marqueur. Ce marqueur circule autour du terrain
pour observer si les balles tombent au dehors ou
dedans, si elles sont prises bonnes, c'est-à-dire du
premier bond, ou doublées, c'est-à-dire du second ou
troisième bond, par les joueurs, qui sont quelquefois
eux-mêmes incertains de la vérité. Son office est de
prononcer à haute voix la perte ou le gain, d'annoncer
où est la chasse, enfin de compter le jeu. C'est aussi
lui qui marque le nombre des jeux qui se prennent
de part et d'autre, et même celui des parties ; il les
écrit à cet effet sur un petit calepin qu'il porte à la
main.

Il se fait aider d'un ou deux ramas-
seurs, pour que les balles qui sont sans
cesse jetées de côté et d'autre, à un
grand éloignement du lieu d'où l'on
tire, y soient aussitôt rapportées.

Lorsque les joueurs sont assemblés
dans le jeu, avant tout on tire le service :
ce qui se fait en jetant une raquette,
de façon qu'en tournant en l'air elle
retombe à terre, au hasard, sur un côté
ou sur l'autre ; le côté des cordes qui
est plat, c'est-à-dire qui n'a point de

Volée horizontale.

nœuds, se nomme le droit ; l'autre côté, où les nœuds
paraissent, se dit le nœud. Le joueur qui voit tomber

la raquette dit : « Droit ! » ou « Nœud ! » Si, quand elle est à terre et qu'il a pris droit, par exemple, elle se trouve du côté des nœuds, c'est celui qui a jeté la raquette qui gagne le service, c'est-à-dire qui servira la balle à l'autre et *vice versa*. Chaque joueur sert à son tour ; c'est ordinairement le plus habile qui commence, et ainsi de suite dans l'ordre de la supériorité reconnue pour chacun.

Position pour tiercer.

L'endroit du tiré ou service est indiqué par un petit morceau de drap fixé en terre par un clou. Le tiré s'avance ou se recule à volonté et selon la force du vent, à l'opposé duquel il se place toujours.

DES AVANTAGES

La partie se dit être *but à but* quand les joueurs, se sentant d'égale force, ne se font aucun avantage ; mais, lorsque la partie n'est pas égale, c'est-à-dire qu'il se trouve des joueurs plus faibles, les plus habiles, pour rendre la partie égale, leur accordent des avantages plus ou moins grands.

Rendre demi-quinze ou demi-trente, c'est donner à quelqu'un la liberté de prendre quinze en deux jeux, ou quinze à un seul jeu, et trente à l'autre.

Rendre quinze, trente, quarante-cinq, c'est donner un, deux ou trois quinzes par chaque jeu.

Donner bisque, c'est laisser prendre un quinze à volonté dans toute la partie. — Deux, trois, quatre bisques sont autant de quinzes de même nature; il n'est plus temps de prendre ses bisques sur un coup terminé; aussi est-ce un résultat de l'intelligence et souvent même d'une grande expérience du joueur de savoir prendre une bisque à propos.

Les autres avantages raisonnables que l'on peut faire sont : 1° de s'astreindre à enlever tous les coups par-dessus la corde, tandis que l'autre partie peut faire rouler la balle sur terre, de ses pieds, soit pour faire, soit pour gagner une chasse : cet avantage est estimé valoir demi-trente ; 2° de jouer tous les coups de volée; 3° de les jouer tous du revers de la raquette; 4° de jouer d'un côté du jeu : on partage le jeu en deux, par une lisière, dans toute sa longueur et, comme il l'est déjà dans sa largeur par la ligne qui porte le nom de corde, le joueur qui fait cet immense avantage n'a que le quart du jeu pour placer la balle bonne; 5° de jouer dans les quatre lisières : on établit dans chaque bout du jeu, et parallèlement à la corde, deux lisières à six, huit ou dix pas de distance des deux lignes qui bornent le jeu à la partie limitée; c'est dans cet espace seul que le plus fort peut faire tomber la balle, établir et gagner les chasses ; 6° enfin de jouer avec un battoir, un bâton équarri, etc., pendant que le plus faible joue avec la raquette. Ces sortes de parties ne sont ni nobles ni amusantes; elles servent seulement à faire voir que la paume est un art dont les difficultés ne peuvent être senties que de ceux qui le pratiquent; mais ces difficultés sont la source du plaisir qu'on y trouve.

TERMES DU JEU ET DES PRINCIPAUX COUPS

Servir ou tirer, c'est commencer le coup. — Tenir le fond, c'est être derrière les autres joueurs, toujours au bout du jeu. Il ne peut y avoir qu'un fond de chaque côté. — Place de la demi-volée : celle qui vient après le fond, en allant vers la corde ; elle oblige souvent à jouer la volée. Aux parties de 3, 4, 5, il n'y a, de chaque côté, qu'une demi-volée ; à la partie de 6, il y en a deux. — Le tiers : la place la plus voisine de la corde. A la partie de 3, il y a un tiers ; à celle de 4, il y en a deux ; à celle de 5 et de 6, il y en a trois. — Tiercer, c'est arrêter la balle, soit au bond, soit à la volée, soit même en roulant, ou pour faire une chasse et la gagner. — Mettre dessous, c'est jouer la balle trop bas, de façon qu'elle fasse son premier bond avant d'avoir passé la corde. — Prendre la volée ou se porter à la volée, c'est renvoyer la balle avant qu'elle ait touché. — Jouer la balle à l'entre-bond ou demi-volée, c'est la jouer presque en même temps qu'elle a touché terre la première fois. — Bonne signifie que la balle a été reprise avant son second bond ou qu'elle est tombée dans le jeu, et non dessous ou dehors. — La balle porte signifie que la balle va faire un bond allongé. — Juger la balle, c'est prévoir l'effet qu'elle doit faire. — Hasard : un bond inattendu et irrégulier, ou même un bond nul. — Le coup coupé consiste à prendre la balle de façon à lui donner un mouvement de rotation sur elle-même ; elle fait peu d'effet en tombant. — Le coup tourné se fait quand on coupe la balle de façon qu'elle décrive en l'air une ligne oblique.

La plupart des termes portent avec eux leur signifi-
cation ou l'ont déjà reçue par ce qui a été dit.

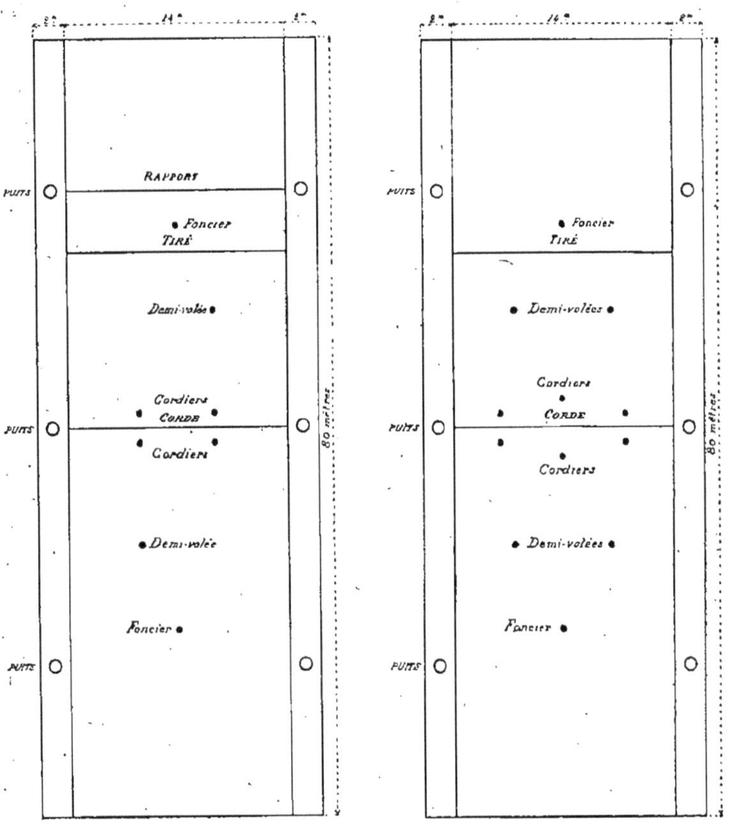

PLAN DU JEU DE LONGUE PAUME

Partie à enlever.   Partie à terrer.

Les termes qui s'appliquent à la courte paume sont
marqués avec astérisques.

* Avant-main.   * A deux de jeu.
* Arrière-main.   * A deux sans passer.
  Appuyer sur le vent.   * A remettre.

14

Arrêter la balle.
Quitter à moitié frais.
Bonne (si elle rentre).
Brasser (trop déployer le bras).
Corde.
Chasse.
* Couper la balle (la doubler).
Donner beau.
Défi?
Dehors.
Entre deux airs.
* Empaumer.
* Être touché.
* Effet faux..
* Effet nul.
Filer.
Forcer le quinze.
Garder le quinze.
* Galerie.
* Lâcher la main.
Lâcher la raquette.
Limites.

Partie limitée.
Partie terrée.
Marquer.
* Montant de la raquette.
* Travers de la raquette.
* Jouer dans six carreaux.
* Opposer la raquette.
* Placer la balle. .
* Prendre le défaut.
Rachat contre rachat.
* Raquette ouverte.
* Raquette fermée.
* Raquette tendue.
* Serrer la main.
* Coup tourné.
* Coup coupé.
* Coup croisé.
* Se placer.
* Se développer.
* Toucher à deux.
* Toucher deux fois.
* Prendre de la tête de la raquette.

Extraits des Statuts du Cercle de la Paume

(TERRASSE DES FEUILLANTS, JARDIN DES TUILERIES)

ARTICLE PREMIER. — MM. les membres du Cercle de la Paume se divisent en sociétaires, membres permanents et membres temporaires. — Toute personne qui voudra faire partie du Cercle devra faire remettre sa carte au directeur, en indiquant si elle veut être sociétaire, membre permanent ou temporaire, et la Commission prononcera sur son admission. — Les étrangers de passage à Paris sont seuls admis au titre de membre temporaire.

ART. 2. — Les sociétaires payeront 1000 francs pour toute la durée de la concession, qui est de vingt ans. — Les membres permanents payeront 150 francs d'entrée par année et d'avance. — Les membres temporaires payeront 20 francs d'entrée par mois, également d'avance.

ART. 3. — L'année du jeu de paume commence le 1ᵉʳ janvier et finit le 31 décembre; les entrées sont dues, quoique l'année ou le mois soient commencés.

ART. 4. — Toute personne ayant ses entrées au Cercle peut amener avec elle un ou plusieurs amis, excepté le jour des grandes parties, où cette faculté sera limitée à un seul ami. — Aucune personne étrangère au Cercle ne peut y entrer sans être accompagnée d'un sociétaire.

ART. 5. — Le Cercle de la Paume sera ouvert tous les jours à huit heures du matin en hiver et à six heures en été. — Les jeux dits de commerce sont les seuls tolérés, tels que trictrac, échecs, whist, piquet, etc.

ART. 6. — La surveillance administrative du Cercle est confiée à une Commission composée de : un président, deux vice-présidents et six membres. — Cette Commission est chargée de la rédaction de tous les règlements et statuts et délègue ses pouvoirs à un directeur qui fait les honneurs du Cercle et veille à l'exécution de toutes les dispositions réglementaires.

ART. 7. — Le jeu ne pourra être retenu pour les restes, pelotages et leçons que jusqu'à midi.

Frais de paume. — Pour pelotages, leçons et parties, 6 francs l'heure. — Le marqueur sera payé par chaque amateur 1 franc par séance. — Tout amateur a le droit de demander le paumier avec lequel il désire jouer, à moins que ledit paumier ne vienne de jouer. — Les leçons se payeront en plus et par heure : avec le premier paumier, 6 francs; avec le deuxième, 3 francs; avec le troisième ou le quatrième, 2 francs. — Les amateurs pourront, quand le jeu ne sera pas retenu, demander une partie entre paumiers; ils auront alors à payer comme suit : pour deux paumiers, 20 francs; pour quatre paumiers, 40 francs.

Frais de chambre. — Pour une personne, 1 fr. 50; pour deux personnes, 2 francs. — Dans le cas où un ou deux amateurs auraient retenu le jeu et ne viendraient pas, chacun payera une amende de 6 francs, à moins d'avoir prévenu vingt-quatre heures à l'avance; l'amende sera double pour l'amateur qui aurait retenu le jeu seul. — Une demi-heure après l'heure indiquée, l'amende sera acquise et l'on disposera du jeu. Les amateurs qui, par le fait des manquants, seront sans partenaire auront le droit de demander, sans rétribution, un ou plusieurs paumiers pour compléter la partie projetée. — Les personnes qui retiendront le jeu inscriront leur nom sur un registre tenu *ad hoc.* — Il y aura toujours trois paumiers de service.

Art. 8. — Le prix des cartes et des autres jeux sera déterminé par la Commission et placardé dans le salon du Cercle. — Toutes les discussions relatives aux jeux seront jugées d'après les règles écrites ou en usage. — Pour celles du jeu de paume, on s'en rapportera à la décision du premier paumier ou, en son absence, à celle des seconds.

Art. 9. — En cas d'infraction aux présents statuts, aux règlements d'intérieur, ou de manque aux règles de l'honneur et de la bienséance, la Commission, soit qu'elle le juge nécessaire, soit que plusieurs membres le demandent, aura à statuer sur l'exclusion du membre.

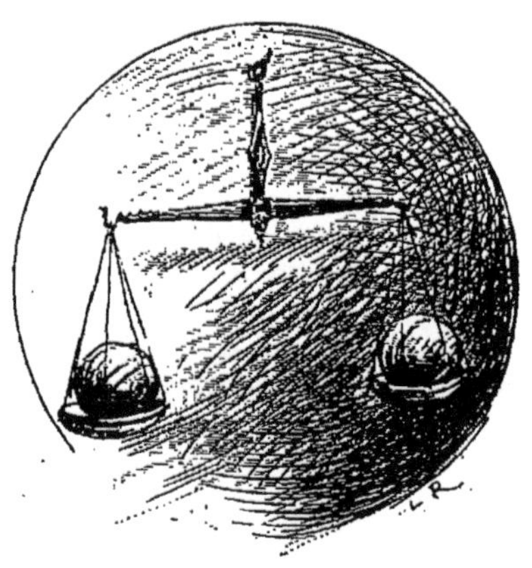

LA PAUME AU BALLON

On joue la paume au ballon sur une place spéciale
de forme rectangulaire ayant 70 à 80 mètres de longueur sur 12 à 15 mètres de largeur. Aux quatre coins
de la place se trouvent plantés des poteaux de 6 à
8 mètres de hauteur appelés *rapports*. Les limites du
jeu sont marquées par une petite rigole ou un petit talus
de gazon. Ce dernier mode de délimitation est préfé-
rable; il est surtout utile, lorsque le ballon tombe juste
à sa limite, pour prévenir toute discussion entre les
joueurs, car, suivant que le bond se fait droit ou incliné, le coup est bon ou non.

La place est divisée en deux parties inégales : la plus
petite à environ 8 à 10 mètres de ladite basse CD,
du rectangle à la petite rigole qui sépare les deux parties, et qui prend le nom technique de *corde* : ladite

partie est appelée *ballon*. La plus grande s'appelle le
fond. Ces dénominations de ballon et de fond sont appliquées aux joueurs qui se trouvent dans ces parties.

La place doit être nue, sans herbe, afin que le ballon
rebondisse mieux. On n'y doit pas non plus trouver de
petits graviers qui déchirent le cuir du ballon. Mais ce
qui importe surtout, c'est qu'elle soit bien plane. Si elle
présentait des aspérités, le fond ne se ferait pas régulièrement et le joueur, n'attendant pas son ballon de
pied ferme, ne serait pas aussi sûr de son coup.

Si elle était bombée, le ballon tombant sur les côtés
rebondirait latéralement, et le joueur, pour le renvoyer,
devrait se porter en dehors de la place; or, dans ce
cas, il est souvent gêné par les spectateurs, toujours
très nombreux. Pour obvier à cet inconvénient, la place
doit être très légèrement concave. Si l'on exagérait la
concavité, l'effet contraire se produirait.

Afin que le vent ne puisse exercer une influence
sensible sur la direction du ballon, ou sur la distance
à laquelle on l'envoie, la place est généralement entourée
d'une ou plusieurs rangées d'arbres.

Les joueurs sont au nombre de douze divisés en deux
camps. Les six joueurs de chaque camp sont placés
comme l'indique la figure. Voyons d'abord pour le fond.

Les hommes 1 et 2 placés près de la corde
sont appelés les cordiers; ils doivent se trouver le plus
près possible de la limite, — le numéro 2 surtout, qui a
sa main droite sur le jeu. Dans les parties ordinaires,
ce sont généralement des joueurs faibles, des apprentis;
mais, dans une partie sérieuse, dans un concours, ils
jouent un rôle considérable.

Le numéro 3, appelé milieu de corde, placé en arrière
des cordiers et au milieu de la place, doit être avec le

numéro 6 le plus fort du camp. Il a une quantité de coups
venant de tous côtés, de sorte qu'il est obligé de frapper
aussi bien avec la main gauche qu'avec la main droite.
De plus il a beaucoup à courir, il commande les cordiers.
Autant que possible, le milieu de corde doit être assez
grand.

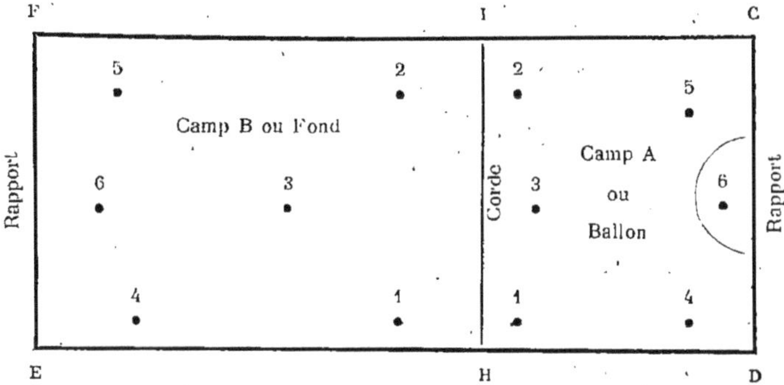

Les hommes 3 et 5 forment la basse volée. Le
numéro 5 doit être un bon joueur, car nombre de coups
lui viennent et il doit les renvoyer assez fort. Quant au
numéro 4, il peut être un peu moins fort, car le numéro 6
ayant la main droite tournée de son côté peut frapper
à sa place.

Le numéro 6 est le plus fort du camp; il est désigné
dans nos campagnes sous les noms de fort du jeu ou
de foncier. C'est lui qui a certainement le plus de
coups et il faut qu'il les renvoie bien.

Dans le camp A les joueurs sont placés de la même
façon. Le numéro 6, qui est appelé livreur ou tireur,
n'est pas toujours le plus fort du jeu, car on livre
chacun son jeu; alors le fort du jeu se tient à peu près
sur le rapport et un des hommes de la basse volée
remplace le milieu de corde ou les cordiers qui livrent.

Il est un rôle dont je n'ai pas encore parlé, c'est celui du marqueur placé sur l'une des grandes bases du rectangle. Il est muni de deux marques en bois d'environ 1ᵐ,50 de haut, dont l'une est rouge et l'autre bleue. Son rôle est de placer les chasses et de rappeler le jeu. A la partie supérieure de chaque marque se trouvent placés une dizaine de petits trous qui servent à indiquer, au moyen de chevilles, le nombre de jeux de chaque camp. Le camp qui a pris le premier jeu a son nombre de jeux indiqué sur la rouge. Il existe d'autres marques : ce sont de petites fiches en fer de 0ᵐ,20 de haut, surmontées

Revers du bond.

d'une houppe de laine rouge ou bleue, qu'on place à l'endroit même où s'arrête le ballon ; mais elles ne peuvent indiquer le nombre de jeux de chaque camp et sont peu employées dans le jeu de ballon.

Maintenant que nous connaissons les joueurs, voyons-les jouer. On tire au sort, à pile ou face. le plus souvent, pour savoir lequel des deux camps livrera d'abord.

Le fort du jeu du camp A va se placer sur le rapport dans un demi-cercle qu'il n'a pas le droit de dépasser en livrant ; il tient le ballon de la main gauche, le jette un peu en l'air et le frappe du poing droit de manière à l'envoyer le plus loin possible.

Le premier coup, livré d'après une convention_ généralement adoptée, forme la première chasse que le marqueur indique à la corde avec la marque rouge.

On compte par quinze points à la fois, et pour un jeu il faut soixante points à l'un des camps. Si les deux camps ont chacun quarante-cinq points, ils sont, comme on dit, *én deux*; alors, pour faire le jeu, il faut soixante-quinze points à l'un des camps, c'est-à-dire deux quinze consécutifs. Ainsi les deux camps sont en deux; le fond gagne un quinze, il a alors l'avantage; pour avoir le jeu, il faut qu'il gagne encore un quinze; mais, si c'est au contraire le ballon qui gagne le quinze, les deux camps redeviennent en deux.

J'ai dit précédemment que le premier coup était toujours chasse à la corde. Le livreur tire un second coup : il peut se présenter plusieurs cas :

1° Le ballon peut tomber en deçà de la corde; il est alors *au-dessous* et l'on compte quinze pour le camp B;

2° Le ballon peut toucher, avant de tomber, un des joueurs du camp A; dans ce cas, on compte quinze encore pour le camp B;

3° Il peut tomber en dehors des limites du jeu; il donne quinze au fond;

4° Il tombe au milieu du jeu, mais plus loin que le fort du jeu du camp B et passe le rapport EF; on compte quinze pour le camp A;

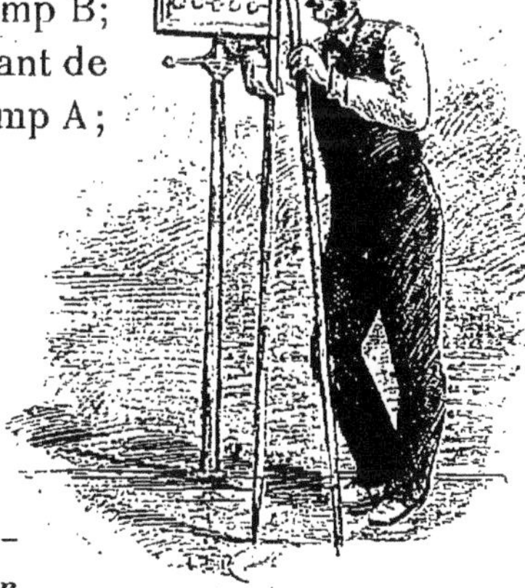

Marqueur.

5° Enfin il tombe au milieu du jeu et l'un des joueurs du camp B le frappe du premier bond et le renvoie vers le camp A. En frappant, plusieurs cas peuvent encore se présenter :

a. Le ballon lancé peut tomber en dehors du jeu; on compte quinze pour le camp A;

b. Le joueur, en le frappant, peut le toucher en deux endroits différents; on compte quinze pour le camp A;

c. Le ballon lancé peut toucher un des joueurs du camp B; on compte encore quinze pour le camp A;

d. Il peut passer le rapport CD; alors on compte quinze pour le camp B;

e. Il retombe au milieu de la place, et un des joueurs du camp A le lance en B. Si, en le renvoyant d'un camp à l'autre, aucun joueur ne fait un quinze, quand on cesse de frapper le ballon du premier bond, le marqueur enfonce sa marque bleue où il s'arrête.

Alors les joueurs changent de place : ceux du camp A viennent en B et réciproquement. On va jouer les chasses; la première d'abord, la rouge, qui est à la corde. Le fort du jeu du camp qui se trouve maintenant en A livre. Supposons que le coup tombe au milieu du jeu : un des joueurs maintenant en B va le renvoyer en A, d'où il sera lancé en B, et ainsi de suite jusqu'à ce que le ballon s'arrête. S'il est dans la plus petite partie de la place, la chasse sera gagnée pour le fond qui comptera quinze points. S'il est au contraire dans la grande partie, la chasse sera au ballon qui comptera quinze points.

Il est bien entendu que, si le livreur en tirant mettait dehors ou en dessous, le fond compterait quinze et aurait gagné la chasse.

De même, si, en renvoyant le ballon, un joueur du camp B le touchait en deux endroits différents ou le lançait dehors, la chasse serait perdue pour son camp, et l'autre camp compterait quinze points.

On joue l'autre chasse, et celui qui la gagne compte encore quinze points.

Une chasse étant jouée, elle est gagnée pour le camp qui se trouve du côté opposé à celui où s'est arrêté le ballon par rapport à la chasse, c'est-à-dire que, si le ballon s'est arrêté à gauche de la chasse, elle est gagnée par le camp qui se trouve à droite.

Les deux chasses étant jouées, on en établit deux nouvelles qui se jouent comme les précédentes.

Quand l'un des camps a quarante-cinq ou l'avantage (les deux camps ayant été en deux, on dit que celui qui obtient le premier quinze a l'avantage), on ne fait qu'une chasse qui est dite chasse du jeu.

Il est, en effet, inutile d'en créer deux; car, si le camp qui a l'avantage en quarante-cinq la gagne, il a le jeu.

J'ai déjà dit que, quand un joueur touche le ballon à deux endroits, le coup est quinze pour le camp opposé. Il est parfois difficile, je dirai même très difficile, d'établir le fait. C'est ce qui arrive quand le ballon roule, soit sur le bras, soit sur la jambe. C'est là une source de discussions: Aussi, pour les éviter dans les concours ou dans les parties sé-

Rachat du bond.

rieuses, tout coup douteux est chasse à l'homme, comme on dit, c'est-à-dire qu'on marque une chasse à l'endroit où se trouvait le joueur quand il a touché le ballon.

Il n'est pas toujours nécessaire qu'un joueur touche le ballon à deux endroits pour que le camp opposé compte quinze. Il en est ainsi quand, par exemple, menacé de recevoir le ballon à la figure, le joueur présente ses deux mains et ne le touche néanmoins que d'une seule.

Si le marqueur vient à se trouver dans la partie et qu'il touche au ballon, il est considéré comme joueur appartenant au camp dans lequel il se trouve.

Ainsi se joue le jeu de ballon dans les cantons de Corbie et d'Albert où se trouvent les plus fortes parties du département de la Somme.

LA CROSSE AU BUT

C'est un jeu très français, très répandu dans la
région du Nord et qui donne lieu tous les ans à des
concours très importants. Nous en devons la description à M. R. Fay, sous-principal du collège de Mau-
beuge. La voici telle qu'il a bien voulu nous
l'adresser :

Le matériel se compose d'une planche haute de
1^m,50, large de 20 à 25 centimètres, d'une crosse et
d'une série de six balles, faites de bois dur, ou plutôt
d'un nœud de sauvageon.

I. — La planche est dressée contre un mur ou contre
tout autre obstacle.

II. — Les joueurs se placent à une distance de
6, 8, 10 mètres, selon les conventions, face à la planche.

III. — Le premier joueur, armé de la crosse, lance la série de six balles ; le deuxième fait de même et ainsi jusqu'au dernier.

IV. — Celui qui met le plus de balles dans la planche a gagné la partie.

V. — On peut sectionner les joueurs en plusieurs jeux.

En résumé, toutes les règles prescrites dans les concours de tir peuvent être appliquées à ce jeu.

La crosse vaut 2 francs ou 2 fr. 50 au plus. Elle est formée d'une trique garnie à son extrémité inférieure d'un porte-balle en acier.

Ce jeu est très simple et très propre à développer l'adresse avec la justesse du coup d'œil.

Il présente l'avantage d'être praticable dans toutes les cours de collège ou même dans un préau les jours de pluie.

LA CROSSE

Le jeu de la crosse est un vieux jeu français qui nous revient du Canada, où il fut apporté jadis par les colons de Saint-Malo. Il est étroitement associé à la glorieuse histoire des établissements français dans ces « arpents de neige », qui devaient être abandonnés d'un cœur si léger par Louis XV. Le marquis de Montcalm et ses officiers le jouaient avec ardeur. Pontiac, l'illustre chef indigène, fit d'une partie de crosse le voile de sa fameuse conspiration contre les Anglais.

Oubliée chez nous depuis un siècle et plus, la crosse s'est graduellement développée et perfectionnée chez nos cousins d'Amérique, tout en gardant le nom qui est sa marque d'origine et son extrait de naissance, nom que les Canadiens d'aujourd'hui écrivent improprement

Lacrosse, en un seul mot, mais qui n'en est pas moins reconnaissable sous ce déguisement. C'est un monument de notre passage au Canada : à ce titre, autant que par ses mérites propres, la crosse doit nous être vénérable.

Elle nous a été rapportée en novembre 1888 par un amateur canadien, M. Duncan Bowie, qui s'est mis spontanément à la disposition de la Ligue nationale de l'Éducation physique pour la montrer à ses moniteurs.

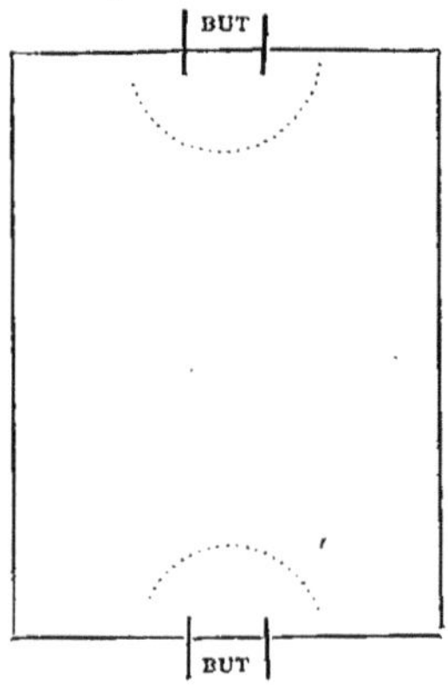

C'est un excellent jeu parce qu'il met en action tous les muscles. Pour y réussir, il faut être fort, souple, adroit, agile et brave; par une conséquence naturelle, ces qualités viriles se développent à le pratiquer. M. Bowie a constaté avec nous que nos élèves y réussissent à merveille et beaucoup plus rapidement que les jeunes Anglais. La crosse est un jeu très excitant et qui a le privilège de passionner tous ses adeptes, au grand profit de leur santé, de leur vigueur et de leur beauté. Car rien ne donne d'élégance et d'harmonie à un corps jeune comme un exercice d'ensemble pratiqué en plein air, avec suite et avec goût.

I. — Le nombre des joueurs est ordinairement de vingt-quatre et doit toujours être pair, afin de se prêter à la division en deux camps, chacun sous le commandement d'un capitaine.

II.— Le matériel se compose : 1° de quatre guidons de 1^m,80 de haut, pour marquer les deux buts ; 2° d'une crosse par joueur, coûtant 9 à 10 francs; 3° d'une balle en éponge de caoutchouc.

Les crosses n'étaient primitivement que des *koumious* bretons, c'est-à-dire des triques recourbées à leur partie inférieure de manière à former une sorte de cuiller pour loger et emporter la balle; elles se sont graduellement modifiées au Canada. Tandis que les Indiens Choctaous, Chippeouais et Chérokis conservaient cette espèce de crosse à cuiller, les Sioux et les Dacotahs substituaient bientôt à la cuiller une poche circulaire faite de fibres végétales.

La crosse d'aujourd'hui ne ressemble plus guère à ces instruments primitifs. C'est une combinaison du koumiou breton et de la raquette française, constituée par une longue canne recourbée à sa partie inférieure et pourvue dans sa cavité d'un filet en cuir de bœuf qui forme une sorte de poche réticulée.

Cet outil se tient à deux mains. Il sert à rattraper la balle à terre, à l'arrêter à la volée, à l'emporter en courant, à la lancer vers le but adverse.

III. — Le terrain est une esplanade quelconque, de préférence gazonnée, qui doit avoir au moins 60 mètres de long sur 30 de large. Aux quatre angles de l'aire mesurée au cordeau, on plante un piquet. Les deux grands côtés du parallélogramme s'appellent lignes de côté; les deux autres sont les lignes de but.

Les buts sont deux espaces de 1^m,80 de long, marqués au milieu de chacune des lignes de but par
deux guidons de 1^m,80 de haut.

Devant chaque ligne de but et à la distance de 1^m,80,
en prenant pour centre le milieu des deux guidons, on
trace un demi-cercle qui s'arrête à la ligne de but.
L'espace ainsi délimité de chaque côté s'appelle *cercle
de but*.

IV. — Il s'agit pour chacun des deux camps de faire
passer la balle, en la lançant à l'aide de la crosse,
entre les guidons du but adverse.

V. — Une première règle très importante à observer
est de ne jamais toucher la balle du pied ni de la
main.

VI. — Une autre règle essentielle est de manier la
crosse avec adresse et courtoisie, en la tenant toujours
au bas du corps afin de profiter des occasions qui se
présentent pour saisir la balle.

VII. — Il est licite de frapper de sa crosse celle d'un

adversaire qui emporte la balle dans le filet de la
sienne, mais non de le toucher lui-même de ladite
crosse, en aucun point du corps.

VIII. — Au début de la partie, les deux capitaines
tirent à pile ou face pour choisir leur camp.

On ouvre la partie en plaçant la balle au milieu de
l'aire de jeu. Les capitaines prennent position des

deux côtés de la balle, chacun entre elle et son camp;
ils alignent leurs crosses parallèlement, de manière
qu'elles soient couchées à terre sur le côté du bois
(cette cérémonie s'appelle le *croisé*), puis, au signal
d'un arbitre choisi d'un commun accord, ils les relèvent
vivement et cherchent à s'emparer de la balle pour
l'envoyer dans le camp opposé.

Dès qu'elle a été touchée, tous les joueurs peuvent
prendre part à la lutte et crosser, arrêter ou emporter la

balle. Mais ils doivent, dans l'intérêt de leur [camp, s'attacher à rester autant que possible au poste où les a placés leur capitaine.

IX. — Cette règle devient un devoir absolu pour le joueur préposé de chaque côté à la garde du but.

Le gardien du but n'a pas plus que les autres le droit de saisir la balle pour la lancer. Mais il peut l'arrêter, soit de la main, soit autrement, pour l'empêcher de passer le but.

X. — Quand deux joueurs se disputent la balle à terre avec leurs crosses, la courtoisie exige que les autres évitent d'intervenir dans ce duel. Mais, quand un joueur a réussi à prendre la balle dans le filet de sa crosse et l'emporte en courant vers le but adverse, afin de la lancer quand il se trouvera à portée, tous ses adversaires ont le droit et même le devoir de courir après lui ou de lui barrer le passage, à condition de ne toucher que sa crosse de la leur.

XI. — Au cas où la balle se loge en quelque endroit inaccessible à la crosse (dans un buisson, par exemple), ou bien franchit la ligne de côté, on a le droit de la prendre à la main, et alors celui qui l'a relevée la dépose à terre dans l'aire de jeu pour recommencer avec son adversaire le plus proche le croisé initial.

S'il arrive que la balle s'embarrasse dans le filet d'une crosse, on la déloge en frappant la crosse sur le sol.

XII.— Une partie se gagne en marquant trois points sur cinq.

XIII. — On ne peut marquer un point qu'en faisant passer entre les poteaux du but adverse la balle partie de l'aire du jeu. Une balle lancée de la main ou du pied entre les poteaux du but ne compte pas.

XIV. — Tout joueur qui en frappe un autre de sa crosse, même par mégarde, reçoit un premier avertissement; en cas de récidive, il est mis hors de jeu.

XV. — Il est d'usage que les camps changent de côté après chaque partie.

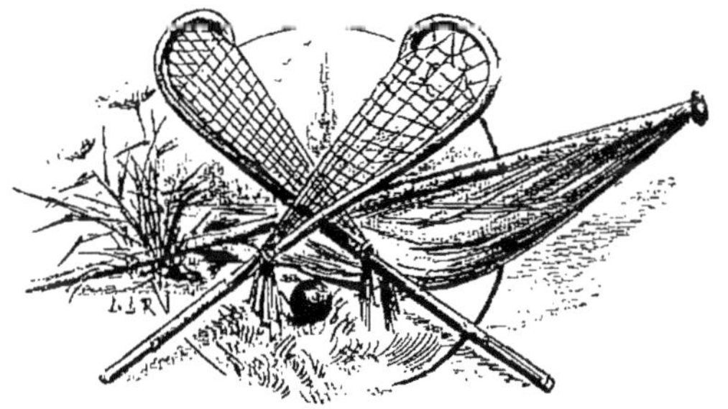

TABLE DES MATIÈRES

PARIS

LIBRAIRIES-IMPRIMERIES RÉUNIES

Rue Mignon, 2

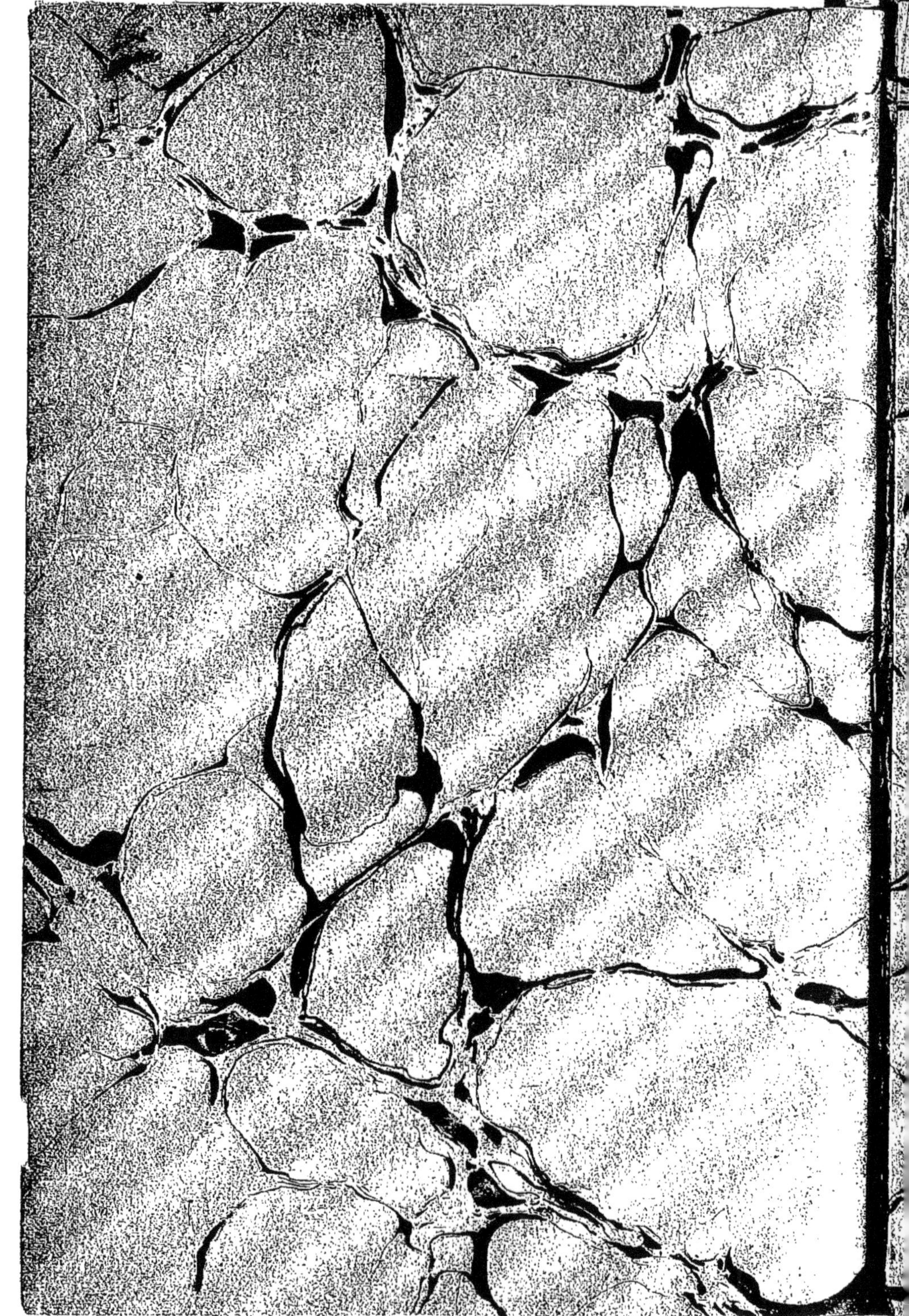

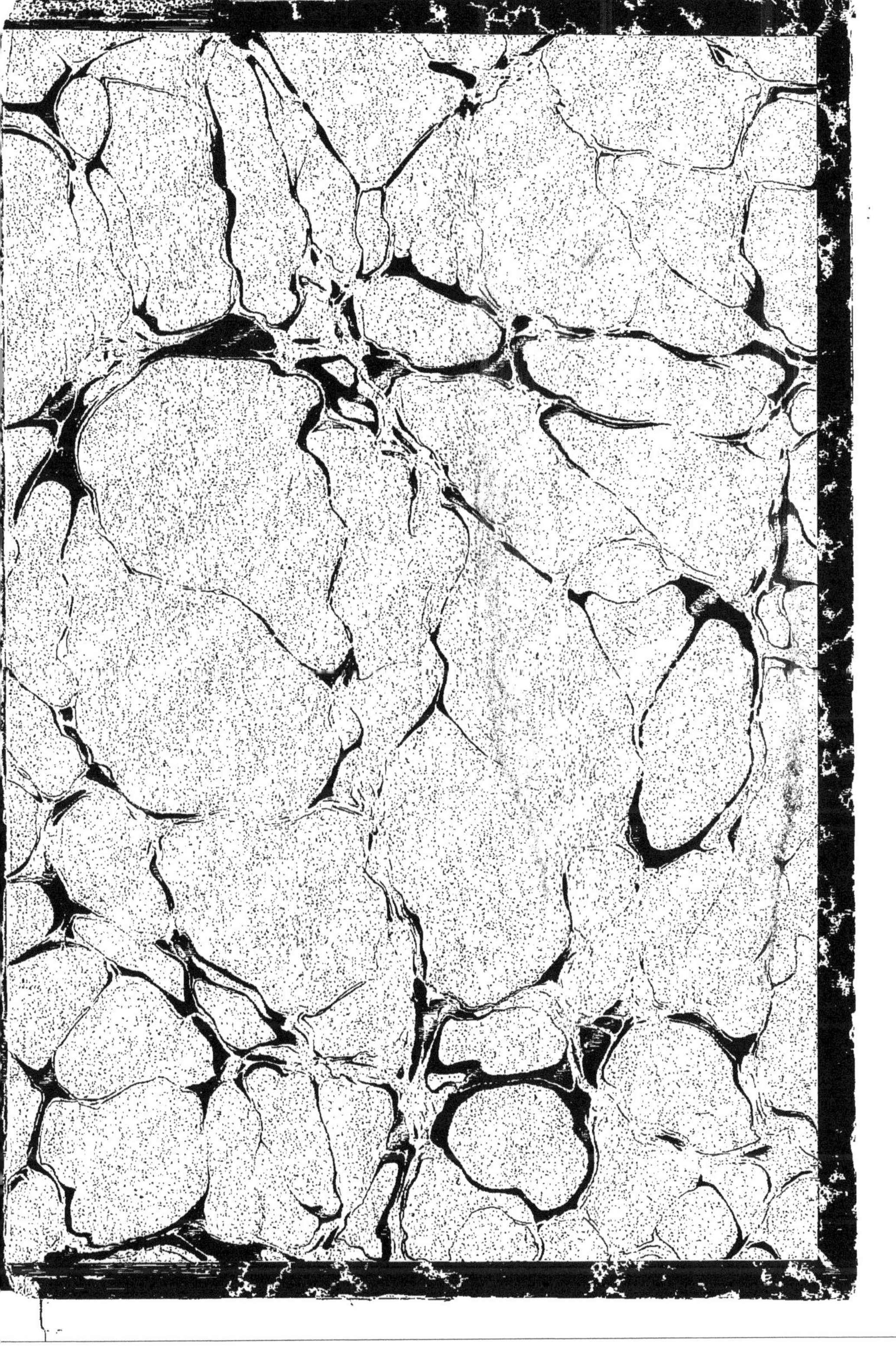

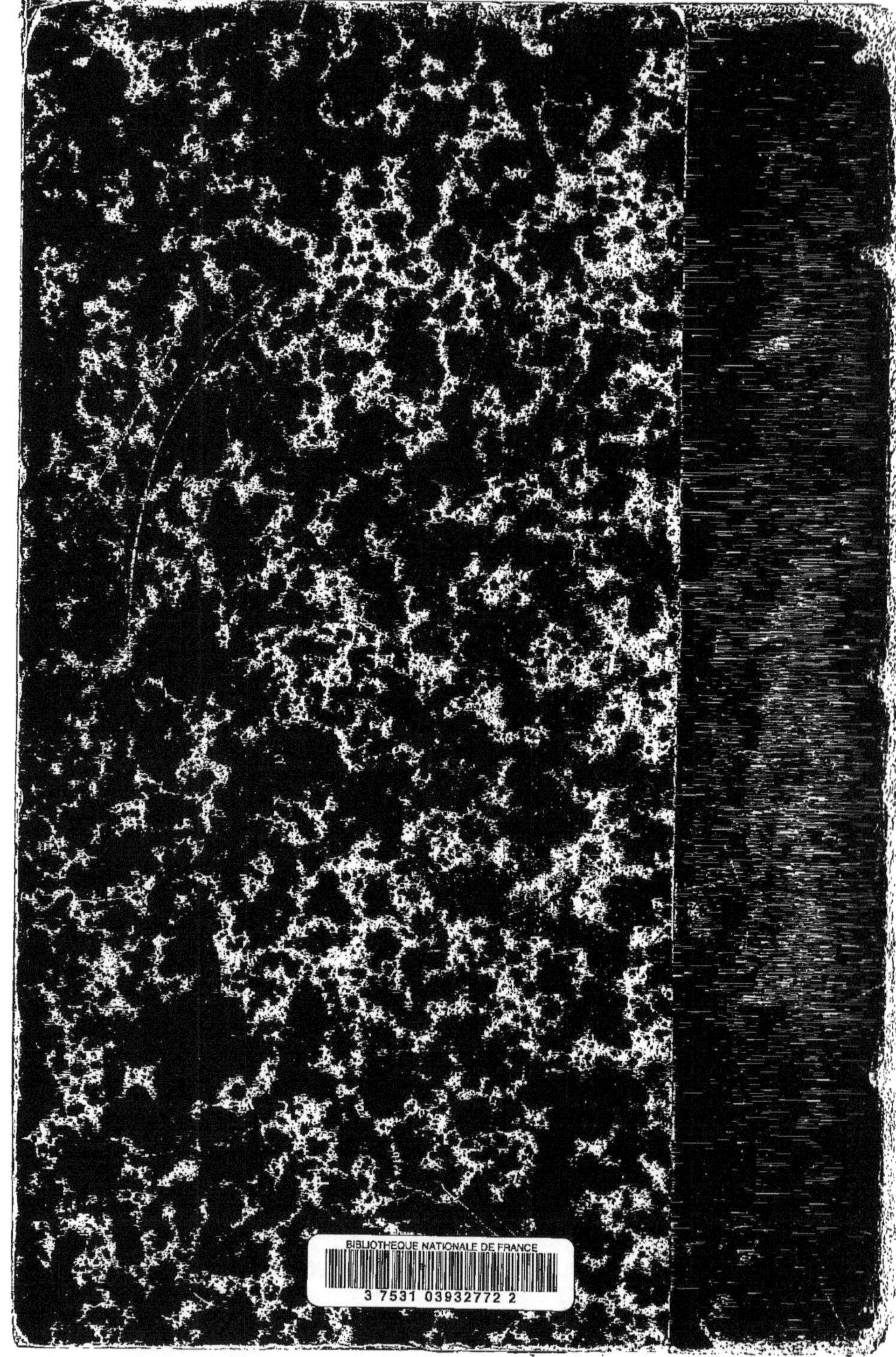